湛庐CHEERS

与最聪明的人共同进化

HERE COMES EVERYBODY

情绪是什么

如何用神经科学解释七情六欲

[意] 乔瓦尼·弗契多（Giovanni Frazzetto）◎著

黄珏苹◎译

浙江人民出版社
ZHEJIANG PEOPLE'S PUBLISHING HOUSE

献给柏林的里德尔游船公司

纪念耶胡达·埃尔卡纳

（Yehuda Elkanna, 1934—2012）

前 言

破译情绪的故事

当我在神经科学实验室里工作时，时间的快慢取决于我做实验的节奏。实验室就像一座岛屿，地处偏僻，与现实相距遥远，自成一体。从 16 岁起，我就向往着涉足这个世界。在实验室里总会有很多事情要做：配制溶液，做精细的解剖，提纯宝贵的分子，照料实验动物。这些工作一环扣一环，其中有些工作不时会打断我的白日梦，同时还会指向重要的研究问题。在这些工作的间隙，我会记笔记、画图表、进行计算。为了搞明白像情绪和心智这样不可言传、非常个人的事物，我投入了很多时间，积累了零散的技术信息。

探索人类大脑的秘密成了我深刻反思的机会。这就像询问我所不熟悉的那部分自我，也像是破译大脑用密码写成的故事，我和我的实验都参与了写作。大脑组织、神经元、DNA 片段都是这个故事中的主角。我们一个事实一个事实地破译，直到揭示新的真相。

每天晚上，我都会站在堆满空玻璃器皿的洗涤槽前，实验大褂被弄脏了，实验日志也洒上了化学药品。我思考着我取得了什么进展，这些想法通常也需要冲洗。无论我花费了多少时间，付出了多少努力，似乎总是有没完成的事情。一个问题会引出另一个问题，每个实验都需要验证，还可以对结果进行另一轮分析。但是第二天我已经安排了故事的下一章。

在回家的路上，实验室中的角色暂时被抛到脑后，我会开始思考另一个故事，那就是我自己的情绪生活。我是其中唯一的主角，有我自己的脚本，故事的线索和发展还有待发现。回到家，我会面对自己的情绪。

情绪，哪怕是稍纵即逝的情绪，也遍布我们生活的各个角落。某一刻我们陷入悲伤，下一刻便重新燃起了希望。有些情绪追赶着我们，有些情绪躲避着我们。情绪常常令我们受伤，或者令我们感到疲惫。有时候情绪也会把我们高高地举起来，或者把我们带到远方。这就是为什么知道如何摆脱某些情绪会很有用，至少要学会如何驯服它们的原因。而对于快乐的情绪，我们希望它能够随叫随到。

在写这本书的过程中，每当我告诉新认识的人我是位神经科学家时，无论他们从事什么领域的工作，都想对我的工作有更多了解。如果我接下来提到情绪，毫无疑问，这一定会让他们和我攀谈起来。人们会让我给他们提供有关情绪的建议，比如怎样控制脾气，怎样忘掉令人不快的记忆，怎样克服恐惧，怎样获得快乐，甚至怎样挽救爱情。尽管我是研究大脑的，但依然不能对这些问题有问必答，这时他们一定会有些吃惊。

伟大的雅典哲学家苏格拉底给予了我们古老的智慧，他告诉我们，发现现象的原因并不一定能同时揭示它对我们，以及对我们的生活的意义。大约在公元前 399 年，在临死之前，苏格拉底阅读了一本当时杰出的科学家阿那克萨哥拉（Anaxagoras）写的书。他听说阿那克萨哥拉发现了一种被称为 nous（心智）的元素，它可以解释万事万物的本质[1]。苏格拉底希望在那本书的帮助下解开关于存在的谜题。然而当他意识到 nous 只是影响自然界元素（比如空气和水）的一种力量，不可能让他更多地了解生命的意义时，他很失望。科学并不是通向自我认知的道路。

如何收集科学知识，以便学会怎样生活或者怎样了解自己？在新千年里，这个问题的紧迫性丝毫未减。在我研究生快毕业的时候，偶然读到了一篇很有启发性的文章，是从德国社会学家兼哲学家马克斯·韦伯（Max Weber）1918 年的演讲转录过来的，题目是“以科学为职业”[2]。根据这一题目，我以为文章中会表现出与我一样的研究热情。在文章中，韦伯对年轻的学生们讲述了科学对个人问题和生活中更广泛问题的意义与价值，但其中的教益并不很令人鼓舞。在韦伯看来，科学的作用是让人逐渐形成知识性的理性化，他使用的词是“醒悟”（disenchantment）。是的，科学意味着人类的进步，但它并不是生活充满存在性意义的同义词，因为科学只教会我们如何“凭借计算”来主宰生活。这篇文章激起了我强烈的反应。科学怎么可能是毫无意义、毫无价值的呢？

我对科学的惊叹并未因此而受影响，但韦伯提出的关于科学如何帮助我们理解生活、理解我们自己的问题却一直在我心中回响着。

事实上，在将近一个世纪之后，这个问题对我们来说变得更加紧迫了。如今我们生活在科技无处不在的世界里。大量有关大脑的信息告诉我们，对我们最重要的是神经元的网络，如果能搞明白神经元的工作原理，我们就差不多搞明白自己究竟是谁了。人们满怀热情地相信，破译大脑的密码能让我们继续秉持古老的格言“认识你自己”，来证明苏格拉底错了，因为我们可以用科学解释我们的存在，甚至解释最私密、最朦胧的领域：情绪。

然而，大脑的神经元脚本真的能告诉我们情绪是什么吗？

这本书就像一本故事集，汇总了有助于回答这个问题的故事。在揭示神经科学对情绪的研究成果的同时，我也会告诉你，在我的研究和生活中，这些发现对我有什么意义。我会一章一章地揭露，情绪的神经潜台词什么时候能够使情绪的某些特性变得清晰鲜明，什么时候它们只是我所感受到的情绪的附属物。那些有关愤怒、内疚、恐惧、悲伤、快乐和爱的故事将会为我们展现出情绪纷繁多彩的神经机制是如何令人惊叹不已，又如何留给我们一些未解之谜的。

HOW
WE FEEL
目 录

1℃

愤怒 炽热的喷发

只有傻瓜才心存愤怒。

——爱因斯坦

每个人都会愤怒，这很容易。但在适当的时候，为了适当的目的，以适当的方式和程度，对适当的人愤怒却不是每个人都能做到的，也绝非易事。

——亚里士多德

H O W W E F E E L

你知道这会是很糟糕的一天，一切都会不顺。

你就是知道，因为邻居家的狗叫声让你一夜无眠，蚊子也不知道怎么就钻进了蚊帐，最后当你好不容易睡着了的时候，一个打错的电话却在黎明时把你惊醒。这还不是全部，你起床下地，但却把热咖啡洒在了自己身上。但是你别无选择，无论会发生什么，你不得不开始对付这一天，接受生活的冷酷，冒险探索未知事物。事实上，将要发生的事情可能并不是很糟糕。

我在罗马度假时，朋友们好心安排我去他们位于乡下的家玩一天，那里距离市中心并不远，可以放松放松，和他们一起度过悠长的下午。

“布鲁斯会去接你。”他们告诉我。

我小口喝着意式浓咖啡，在酒店外面等着那个来接我的陌生人。天气很热，温度还在逐渐升高。

“很高兴认识你，布鲁斯！”当布鲁斯的车停在我面前时，我开心地和他打招呼。

“我们时间不多，市里很堵车，我们得赶紧，快点上车！”

我想，好吧，也许他昨晚过得很不好。我按照他的命令上了车，期盼着早点到达目的地。

路上的车的确很多，而且每个人看起来都像是在赶时间。我们花了一个小时离开市中心，在横冲直撞的车辆之间穿行，绕开从四面八方飞驰而来的助力车。旅程刚开始几分钟，我就被上了一堂生动的物理课。我逐渐意识到，在罗马，绿灯亮起和后车狂按喇叭、发出吼叫之间的时间区间是无穷小的。在此期间，布鲁斯不停地抱怨一切：其他司机要么太快，要么太慢，都是白痴、傻瓜。当我们最后到达高速公路时，汽车的空调坏了，而我们的面前是一望无际的汽车海洋。

“天呐，还能更糟点吗？”布鲁斯咆哮着。

我看情况确实不容乐观，就把车窗摇下来，向后让自己更舒服地坐着，然后想只能既来之则安之了。

但是布鲁斯没有闲着，他开始用手指敲击方向盘。每一次敲击都像是在倒计时，就像他的耐心在一点点消逝。

“你还好吗，布鲁斯？”我竟然还有胆量试图打破沉默的气氛。

他没有理会我说的话，眼睛死死盯着前面没有尽头的车海。他开始暴躁地狂按喇叭，放下车窗，对着其他司机大声咒骂着，好像认为按喇叭和咒骂能让车龙缩短。

半个小时后，我们奇迹般地到了高速出口，这时有人厚着脸皮从紧急车道开过来，插到了我们前面，还冲我们竖起中指！

我开始担心两车人的安全。外面的天空一片晴朗，而布鲁斯的脸看起来就像雷暴天，就好像他被困在狭窄的走廊里，唯一的想法就是尽快脱身。他跳出汽车，开始冲那位司机大吼大叫，但那司机很快消失不见了。我们后面的车开始抗议，因为我们挡住了出口，布鲁斯对他们大发脾气，让他们闭嘴。幸运的是，没有人下车。在布鲁斯向他们冲过去之前，我拉住了他，把他拽回车里。

后来我们离开了高速出口，老实说，我当时真想到朋友家树荫下的吊床上躺一躺。

H O W W E F E E L

一股势不可当的力量

愤怒是一种粗暴的情绪，是一股很难控制的巨大力量。发泄愤怒足以使事情发展到我们所期望的反面。当遭到不公正的对待时，当感到被轻视、被冒犯时，或者当无法容忍某种行为时，我们便会表达愤怒。愤怒是穿戴着盔甲的恐惧，是在别人伤害我们之前做出的防御性反应。愤怒可能是冲动的、不由自主的，短促而猛烈；也可能是静默的、有预谋的，愤怒者头脑清醒，比较克制。愤怒可能是对挑衅的直接反应，也可能是未来反击的推动力。愤怒的有趣之处在于它可以被克制，潜藏很长时间，也可以短暂性地猛烈喷发，然后恢复到比较平静的状态。令人失去理智的愤怒电光火石地喷发之后，你对某人的怒气可能持续很长时间。

无论什么形式，愤怒不可避免地涉及道德。我们的品行会因为无法控制冲动反应而受到质疑，这会被看成是软弱或缺乏意志力的表现。发泄愤怒对我们在社交世界中的处境可能会产生不良后果，还有可能破坏人际关系。

在所有的情绪中，愤怒对我来说无疑是最陌生的。我不容易生气，也不习惯发脾气。我会跟人发生短时间的争执，坚决地把观点讲清楚，因为我不喜欢被误解，不喜欢在交谈中被忽视。有一次我在与客服热线的激烈对话中，尖锐地指明了我的权利。但是我从来不会对他人进行语言上的攻击，更不要说是对人进行身体攻击或虐待了。我对暴力从来都不感兴趣。但是如果有人故意伤害我的家人或者我最好的朋友，尤其是在我面前这样做，我一定会表现出极度的愤怒。

为什么布鲁斯会对周六早上意想不到的长排车龙反应如此激烈？为什么他不能更好地处理失望和受挫的心情？到底是什么促使他对其他司机大吼大叫？

当我们来到朋友的农舍时，一杯冰镇饮料让布鲁斯平静下来。之后他开始给我讲述他之前类似的怒气冲天的经历。有时候他会变得非常暴躁，之后会感到懊悔，经常为此闷闷不乐。当他被激怒时，常常无法控制自己的反应，这种情况当然令他担心。如果有人反对他或者表示不赞同，他就会大吵大闹，甚至和别人大打一架。有时他也会独自发泄怒火。有一次因为在工作中受到了小小的冒犯，他气得打碎了自己汽车的挡风玻璃，发泄受挫感。他觉得自己有问题，问我这种反复的、无法控制的怒火喷发是否和他的基因有关，是否和他大脑的结构有关。

显而易见，有些人确实比其他人容易发火。为什么？是我们天生具有攻击性，还是后天的教养使我们倾向于发泄怒火，又或者这是对负面经历和令人不快的环境的反应？

在本章中我会通过讲述有关愤怒和暴力的神经科学知识，以及自我控制的大脑机制来解答这个问题。

不过首先我会跟你们说一说很多有关情绪的一般知识。

情绪研究的起源

谈论情绪，就无法绕开查尔斯·达尔文的著作。这位才华横溢的英国博物学家因创立了自然选择说和进化论而闻名，但他并没有忽视理解人类情绪的重要性。1872 年，在《物种起源》出版的 12 年后，达尔文出版了《人和动物的感情表达》（*The Expression of the Emotions in Man and Animals*）一书，这是他给心理学领域留下的最大遗产[1]。

这部著作是基于一些原始的资料展开的。在他位于肯特郡的住所举办的晚餐聚会上，达尔文会让宾客描述和评价他们在照片上看到的情绪。这 11 张照片是法国解剖学家迪歇恩（Guillaume-Benjamin-Amand Duchennc）拍摄的黑白照片。这些照片拍的是一位老者的脸，迪歇恩用镀锌电极刺激特定的面部肌肉，让老者产生各种表情。达尔文让他的客人描述照片上的面孔表现出来的是什么情绪。达尔文坚持不懈地进行收集，不停地寻找描绘情绪的照片和画像。他在美术馆和书店里仔细地搜索可以用于进一步研究的图像和照片。最后他还和摄影师奥斯卡·雷兰德（Oscar Rejlander）合作，雷兰德帮达尔文捕捉他所寻找的稍纵即逝的情绪。

尽管用现代的标准来衡量，达尔文的实验并不科学，因为他依靠的仅仅是自己的 23 位客人，而且他的资料来源很多样，在客观性上存在争议。但是他的实验非常新颖，在那个时代具有首创性。达尔文对照片和画像的使用也标志着科学插图历史上的巨大飞跃[2]。

达尔文《人和动物的感情表达》这部著作的主要价值在于认为情绪是进化的结果。通过详细描写动物和人类的感情表达，达尔文提出，情绪在整个动物界具有相似性。但这并不意味着人类的狂怒完全等同于狗的愤怒吠叫，或者人类的焦虑等同于猫的焦虑，而是指情绪背后的防御和保护机制具有类似的进化目的。达尔文的意思是，每种情绪都具有适应性目的，在较低等的动物中存在着进化上的起源。就像眼睛、腿或其他解剖结构，情绪以及感知情绪所需的大脑回路和身体部分也是通过自然选择而进化的。在这个普适的框架中，我们便很容易理解达尔文调查的重要性：它证实了情绪是发生在身体上的首要大事，是对环境中事件的生理反应，体现为各种生理改变，当然它也是对事件进行思考和想象的结果。

根据现代的神经科学研究以及对老鼠等低等动物的研究，这个观点基本上没有改变。大多数人会充满怀疑地问：怎么可能研究老鼠的喜怒哀乐？答案很简单：你没法研究。在实验室里研究的只是情绪的基本方面，精密的神经回路实现了这些情绪，使动物和人类得以生存和兴旺[3]。

达尔文对表情的研究发现，从进化的角度来看，所有有机体都展现出了天生的、原始的、有助于生存的情绪机制。这种机制连续体的两极分别是“趋近”和“回避”，也就是应对愉悦和痛苦的策略。例如，可获得的食物和性显然会导致趋近，因为除了有意义的生存繁衍之外，它们还能带来快乐和满足；相反，导致恐惧的捕食者或其他危险的情况会促使有机体回避。

在进化过程中，这两种主要的生存机制被保留下来，它们是跨物种、跨文化的共同机制。在由积极情绪和消极情绪构成的情绪彩虹中，快乐和恐惧是相反的两端。它们的差别并非好与坏的差别，而是趋近与回避的差别。消极情绪包括愤怒、内疚、羞愧、懊悔、恐惧和悲痛，所有这些情绪都暗示着，我们需要抵御或回避某事物；积极情绪包括共情、快乐、欢笑、好奇和希望，它们暗示着，我们倾向并渴望拥抱外部世界。

此刻我们还需要进行另一个重要的区分：情绪和感受。感受（feeling）是已经进入意识的情绪。尽管情绪是生物学过程，但其顶点是个人的心理体验。这是情绪外在、可见的部分与内在、私密体验之间的对比。前者是生物反应的集合，从行为的改变、激素水平的改变到面部表情的改变。在大多数情况下，这些改变能够通过科学方法测量。后者是感受，是对情绪的个人感知，哲学家将这种对主观体验的研究称为现象学[4]。这就是为什么我们能相当自信地描述自己的感受，但不能同样自信地描述其他人的内在体验的原因。我们只能通过观察他们的外在表现，推测或凭直觉判断他们的内在体验。到目前为止，科学家能够在实验室里探测到标志着悲伤或快乐的大脑活动，但他们却无法领会悲伤或快乐对正体验着它们的人最深层的意义。情绪使我们能够进行心灵的交流。它们是我们内心世界最真实的翻版，通过我们脸上的表情向外传播。

达尔文在情绪研究上的第二个重要成就是证明了情绪的普遍性。如果情绪是与生俱来的，是进化的产物，那么情绪就应该是普遍的，具有跨文化的相似性。为了证明这个观点，他采用了人类学家的方法，制作了一份有关各种情绪的详细问卷，把它分发给朋友、其他学者以及旅行到当时偏远地区的传教士，比如澳大利亚、新西兰、马来西亚、婆罗洲岛、印度和锡兰。他收回了 36 份答卷。这可能是最早的印制调查问卷。达尔文让被调查者回答在那些遥远地区和土著部落中的人与他所熟悉的英国和欧洲其他国家的人是否具有相似的面部表情和身体姿势。

达尔文的作品绝对是理解情绪的宝贵资料，启发了这个领域的很多学者[5]。在探讨情绪的身体特征，尤其是面部特征时，我会反复参考达尔文的作品。现在让我们来看一看愤怒的面部特征。

愤怒的丑恶面孔

达尔文不仅是一位极富独创性的思想者，还是一位善于表达、文笔清晰的作家。他的描写非常具体、准确，即使在没有照片的情况下，你也可以想象得到他所描写的身体改变。

达尔文注意到，在愤怒时心脏和循环系统会受到影响。确实，没有任何事物能像一阵狂怒一样让你血脉偾张，让你突然感到一阵热潮，尤其是在寒冷的时候。你的血管里充满了血液，膨胀起来，变得凸起，尤其是前额和颈部的血管。血液流入你的双手，就好像准备要采取防御行为一样。达尔文知道愤怒的暴发与大脑有关，他写道，兴奋的大脑把力量传递给肌肉，让人毅然决然。总之，愤怒是一种让人激动的情绪，它赋予我们行动的力量。人生气时脸会发红或发紫，眼睛会瞪大，嘴通常会紧闭着，牙关紧咬，表现出决心；有时我们也会把嘴唇缩进去，露出牙齿，就好像在挑战冒犯我们的人。

愤怒还会改变声音。在怒气冲冲的时候，人们会胡言乱语，唾沫横飞，就像达尔文所写的，语言会变得混乱不清。在不加约束的情况下，愤怒通常是最喧闹的情绪，以尖锐、粗暴且快速的声音发泄出来。关于愤怒，有一件事是肯定的：它会逐步升级。你能看到它在暴怒者的脸上逐渐加剧。不仅如此，愤怒时整个身体都好像膨胀了，直到最后通过言语和身体暴发出来。

理性 VS 情绪

愤怒体现了情绪无法压抑的力量。它使我们的判断受到考验，迫使我们思考在令人沮丧的情境中应该怎么做，怎样以适当的方式应对冒犯以及什么样的做法最恰当。愤怒和选择是纠缠在一起的。愤怒引发了价值和选择的问题，由此也引发了伦理道德和品行的问题。

在解释我们如何进行判断时，长期占支配地位的是一种过分严格、过于简单化的假定。它将情绪与理性决然分开，把它们看成是心理生活的两极。道德建立在符合逻辑的推理基础上，而情绪与此毫无关系。这种分裂性的理论在西方文化中根深蒂固，它起源于 2 000 多年前的古希腊。古希腊是西方思想的摇篮，这种理论主要体现在苏格拉底的学生柏拉图的著作中。

柏拉图对情绪和理性的看法突出体现在《理想国》（*Republic*）中，这是他关于道德和理想国家的一部著作。后续作品《蒂迈欧篇》（*Timaeus*）也体现了他对情绪和理性的看法，在这部作品中，柏拉图概略地从生理学的角度探讨了心灵，提出了他认为心灵寄居于哪些身体部分[6]。

根据柏拉图的观点，三种激情或力量使人类的心灵有了活力，这三种激情分别是理性、情绪和欲望。其中理性是最高贵的，而情绪，尤其是欲望，是次一等的激情，当然地位比较低。欲望是我们的基本需求，比如对食物和性的欲望，对金钱和财产的贪欲。情绪是冲动、轻率的反应，比如愤怒或厌恶，但情绪也是勇敢无畏的。相比之下，理性的意思是冷静地思考、热情、说服和论证。心灵的这三个组成部分对应着柏拉图对国家三位一体的社会划分。最低的阶层是平民，体现了欲望，尤其是吝啬和贪婪。在武士阶层中，情绪占主导位置。在柏拉图的社会中，统治者是地位最高的阶层，体现了理性。

柏拉图认为理性最重要，宣称只有理性的人可以既公正又道德。从根本上说，激情必须服从理性的命令。心灵由这三部分组成的观点很盛行，尽管排列方式可能有所不同，在2 000多年里这种观点几乎完全没有受到质疑。

维也纳内科医生兼精神分析之父西格蒙德·弗洛伊德坚信情绪的重要性，将理性与本能区分开，并认为两者是相互冲突的。最原始的人类欲望构成了弗洛伊德所说的本我。人类心灵中这个模糊的部分囊括了发自内心的本能。本我中完全没有逻辑或理性，我们不能有意识地感知到本我，也不能控制它。从本质上看，本我是最不成熟的心理生存机制，人类和低等动物生来都具有本我，本我有两个主要目标：获得愉悦，躲避痛苦（见图1-1）。

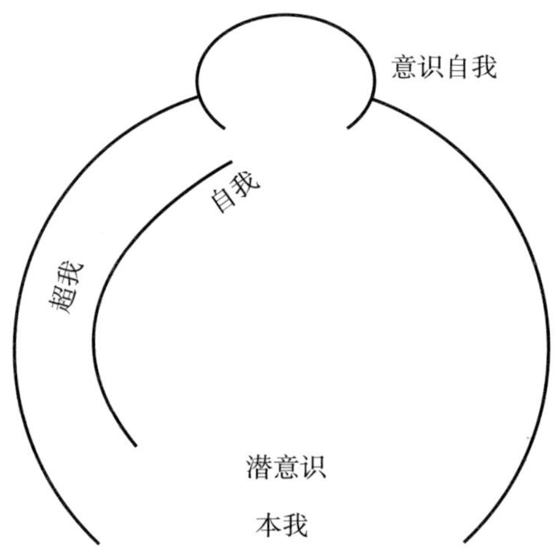

图 1-1　弗洛伊德提出的心灵结构

我们大多数的心理过程是潜意识的，飘浮在意识之下，只有很小一部分想法和情绪是完全有意识的（图形的顶部）。本我代表了最发自肺腑的本能；自我是理性所在的地方，它有意识地控制着我们与外部世界的关系，还无意识地压抑着本我的一些本能；超我代表了道德感，受到社会和文化的影响。

资料来源：After a diagram in *New Introductory Lectures on Psychoanalysis*，1933，lecture XXXI[7]

在弗洛伊德的心灵等级中，本我之上是自我，它构成了人类的理性。自我包含有意识的方面和潜意识的方面。有意识的自我通过五感感知外部世界，应对与外部世界的关系。正是自我让我们提前制订计划。由于具有潜意识的性质，自我也对本我进行着抑制性控制，压抑着某些本能的内驱力。

最后，位于这个阶梯最顶端的是超我，它是我们的良知和内疚感的来源，与道德密切相关，社会和文化对它具有塑造作用。

尽管弗洛伊德最初是位非常受尊敬的神经学家，对大脑感兴趣，但他并不是很关心人类心灵位于身体的什么地方。即便如此，他还是多次说，他的心理学理论有一天会被生理学和化学理论所替代。他的预言有朝一日将被证实。

认识大脑

直到不久之前，由来已久的情绪和理性分离的观点还一直被深信不疑，一部分原因是在了解大脑解剖和功能结构的过程中，这个观点得到了证实[8]。

流行的大脑功能图符合演化发展的权威规则，根据演化的历史来分配大脑功能。功能的划分大致如下文所述。

大脑最古老的部分控制着最原始、最基本的功能。在如今的大脑功能图中，这个部分位于最内部：从时间的角度来说，那里是大脑的起点。从核心越往外，脑结构完成的功能越复杂。脊髓的顶部，即脑干，位于大脑深处，它是一种自动的生存系统，如果没有脑干，我们甚至无法呼吸。脑干是我们生理性存在的支柱（见图 1-2）。它包含诸如延髓这样的结构，延髓控制着呼吸和心率，接收来自身体重要器官的信号并给它们反馈信号。你可以把它看成是大脑中的“电源总开关”。如果脑干出了问题，整个系统都会断电，这就是在摔倒或其他事故中脑干的损伤会致命的原因。

处于大脑的核心但比较靠外的部分的功能是加工情绪。正是在这些深层结构中，最原始形式的情绪得到了加工。这些结构被统称为边缘系统，粗略地来说，其中包括一些听起来怪诞而不真实的组织，比如丘脑、海马和杏仁核。“边缘”这个词来源于拉丁文 limbus，意思是边缘或边界。对于这些从脑干上方伸出来的组织来说，这个名字很合适。

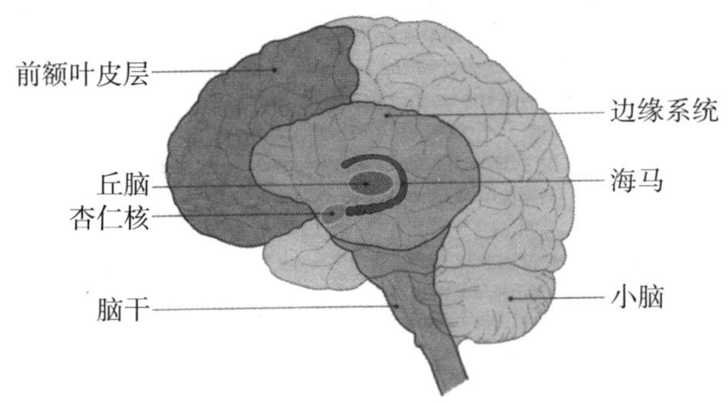

图 1-2　脑干、边缘系统和神经皮层的示意图

最后，围绕着边缘系统和脑干的结构是皮层。皮层是最后添加到大脑组织中的，但它的演化程度最高。皮层最初出现时很薄。经过长期演化，从最初出现之后又过了几百万年，它不断生长，神经元的数量不断增加，其能力也不断提高。经过上亿年的演化，哺乳动物的皮层获得了惊人的发展，变成了现在所说的新皮层，也就是最精密复杂的皮层形式[9]。新皮层像帽子一样扣在大脑的其他部分上，它由大片缠绕、褶皱的组织构成，这使得大脑看起来好像盖着一块皱巴巴的布。

大脑组织转弯的地方被称为脑回，介于脑回中间的坑洼被称为脑沟。在哺乳动物演化的历史中，经历了最多改变和发展的新皮层部分是前额叶皮层，就在前额和眼睛的后面。

前额叶皮层几乎占据了整个皮层的 1/3。相对于身体体积，我们是地球上唯一拥有如此大而复杂的前额叶皮层的物种。如果把大脑的发展比作构建房屋，前额叶皮层就是房屋的最高层，是大脑的阁楼。它帮助我们提前做计划，选择更好的行动方法。另外，我们的短时记忆也需要前额叶皮层的协助。如果有人告诉我们一个电话号码，在把它存入手机之前，我们正是通过前额叶皮层暂时记住了它。一般来说，前额叶皮层还控制着注意力，它有助于我们集中精力，不会走神。

很重要的是，前额叶皮层在个体发育成熟的后期才达到完整的形式，也就是说，直到 20 岁出头或 20 ~ 30 岁才充分发育完成，这就是为什么儿童和少年还没有完全为自己生活中艰难的决策做好准备，为什么更倾向于冒险。

大脑的这些脑区并不是简单地一个摞在另一个上面。它们互相连接，形成了整合且和谐的外观及功能形式。负责理性的脑区从负责冲动的脑区核心中生发出来，因此两者紧密相连，互相通信并调节着情绪。

很多个世纪以来，理性和情绪被认为是大脑两种相反的属性，彼此竞争。它们就像两种互相排斥的物质，永远不会混合，如同水和油。理性脑帮助我们分析事实、评估外部事件，而情绪脑告诉我们自己内心的状态[10]。在过去 20 年里，这种粗略的大脑功能划分受到了挑战。大脑中完成理性任务的脑区和负责情绪的脑区之间的界线模糊了。大脑的前额叶部分虽然紧握着理性的缰绳，但对情绪也发挥着作用。

在理解情绪作用时的这个重要而有趣的逆转得到了实验的支持，特别是神经学家安东尼奥·达马西奥（Antonio Damasio）① 的实验。在介绍这个实验之前，我需要给你们讲个故事。

皮肤反应揭示真相

为了了解组织、器官和基因功能的一般机制，生物学和医学研究的普遍做法是观察这些功能被消除或被干预后会发生什么。在神经科学史上，遭受过脑损伤或做过脑手术的患者使研究者能够探索特定脑区的损伤如何导致了行为的显著改变。有些患者的故事特别令人难忘，也特别说明问题。

到目前为止最著名、最常被讲述的是菲尼亚斯·盖奇（Phineas Gage）的故事。19 世纪中期，25 岁的美国人盖奇是铁路建筑工长，在工作期间遭遇了很不寻常且非常不幸的事故。因为要铺设横穿佛蒙特州的新铁路，施工队必须平整地面。盖奇负责实施爆破，过程比较简单明了：盖奇先在地上挖洞，然后在洞里填充炸药，插入引信，最后用沙子盖住火药，用一根棍子把炸药和沙子夯实。1848 年 9 月 13 日，因为有人叫他，盖奇转了一下身，操作规程出错了。在助手覆盖沙子之前，盖奇就开始夯实炸药。这是一个严重的错误，因为如果没有沙子，爆炸物会朝反方向飞溅。结果长度超过 1 米、直径超过 3 厘米的棍子被炸出来，正好插入盖奇的头部，从左脸颊扎进去，然后快速地飞出，落在几十米之外的地上。现场的人都惊呆了[11]。

虽然难以置信，但盖奇活了下来。在短暂失去意识之后，他很快恢复

① 达马西奥是世界知名的神经科学家，他对情绪参与理性决策的研究改变了西方哲学自笛卡尔以来一直占统治地位的身心二元论，开启了具身认知的新时代。其著作有《笛卡尔的错误》《当自我来敲门》等，中文简体字版已由湛庐文化策划、北京联合出版公司陆续出版。本书下文中讲述的盖奇的故事和赌博实验均出自《笛卡尔的错误》一书。——编者注

过来，几个星期后就彻底康复了。他的语言和智力完全没有受到影响。他能走路，能跑，能说话，能与人交谈，甚至回到了工作岗位。然而一段时间后，人们发现盖奇的性格发生了一些改变。

在棍子穿过他的颅骨和大脑之前，同伴们公认盖奇是一个体贴、忠诚、友善的人。在工作中，他是最优秀、最高效的工人之一，深受公司领导的赞赏。然而事故发生后，他在康复时就变得粗鲁、冲动、愤怒无比，无法判断自己的行为方式能不能被别人接受。他变得不可信赖、不负责任，而且具有攻击性[12]。最后朋友和亲人都不再理他，盖奇失去了工作，而且再也没有找到其他工作。他变得落魄孤寂，十多年后离开了人世。

这个不幸的故事在科学上很吸引人，它证明了脑损伤与行为之间的关系，尤其是社会行为和道德行为[13]。盖奇的案例显示，大脑某个部分的损伤会对人的性格产生严重且显著的影响。他的颅骨和那根备受关注的棍子被陈列在哈佛大学瓦伦解剖学博物馆（Warren Anatomical Museum）里，长期以来它们没有得到应有的关注。20 世纪 90 年代中期，安东尼奥·达马西奥和他在艾奥瓦大学医学院的同事决定检查盖奇的颅骨，重现当时的事故，细致地描述出盖奇大脑中受损伤的区域。他们发现，棍子破坏了前额叶皮层的腹内侧部分。这是一条重要的线索。达马西奥曾经遇到过其他存在类似损伤、有类似行为的患者。于是他决定开始研究这些患者。

最初的一个实验确定了情绪在赌博中对当事人决策的作用。并非每个人都是职业赌徒，但所有人都会面临决策，这些决策需要对风险、潜在收益和损失进行评估，有时还会面临选择，这些选择可能隐藏着事与愿违且不可逆的有害结果。这就是生活的不确定性。

达马西奥和他的同事给赌博实验的参加者2 000美元的启动资金和四副扑克牌，让他们从四副牌中抽牌[14]。每张牌对应着奖励或上交一定金额的钱。这个游戏的最终目标是在游戏结束时获得最高收益。那几副牌中还隐藏着秘密。其中两副牌里有奖励最高的牌，奖励高达100美元，不过这两副牌里也包含要求赌博者上交同样数额金钱的牌。因此这两副牌虽然让人觉得有利可图，但同样会有较高的风险，赌博者无法判断什么时候会出现对自己不利的牌。相比起来，另外两副牌不太危险，虽然最高奖励只有50美元，但损失也比较轻微。总而言之，从奖励低的牌中抽牌更有利。

实验中的赌徒包括两类：一类大脑完好无损，另一类内侧前额叶皮层受到了损伤，他们就像菲尼亚斯·盖奇一样，很难做决定。达马西奥是在邀请这些患者出来吃午餐，让他们挑选餐厅时发现这个问题的。那简直是在考验达马西奥的耐心，他们会花半个多小时叙述几家餐厅的优缺点。他们提醒达马西奥说，其中一家餐厅虽然价格实惠，但总是空着，所以餐厅可能不是很好，但反过来说，这家餐厅更有可能找到空桌。另一家餐厅虽然价格昂贵，但菜量足[15]。最后尽管患者们绞尽脑汁，但还是决定不了去哪家餐厅吃饭。其中一个患者有点像盖奇，达马西奥称他为埃利奥特。他是个举止文雅、聪明迷人的男人。他的记忆力很好，却没法保住工作，留不住老婆，也不能恰当地计划自己的时间。他表现得愚蠢、不负责任，让人无法信任。

让我们回来讨论这个实验。在赌博者玩牌的过程中，一个重要的线索让达马西奥猜想，做选择时的情绪唤起可能来自他们的身体，准确来说就是来自他们的皮肤。每个赌博者的皮肤都连着一台测量皮肤电传导反应的机器。所谓的皮肤电传导反应就是出汗。当你感觉到紧张或有压力，或者情绪受到刺激时，身体上发生的改变就是皮肤轻微出汗，虽然肉眼看不出来，但在实验室里可以测量到。

在赌博游戏中，大脑完好的赌博者喜欢从有利的牌中抽牌。在意识层面上，他们不知道发生了什么或者为什么这个决定更明智，但是他们的身体知道。每次从风险高的牌中抽取时，恐惧会从他们的皮肤中发散出来，引导他们选择风险较低的那两副牌。相反，正如你所料，脑损伤患者的选择就不太精明了。当他们的手伸向风险更大的牌时，皮肤反应很小，或者根本没有反应。他们不停地从不利的两副牌中抽牌，即使他们意识到了这样做对自己并不是很有利。

因此，感觉不到情绪的线索会导致人们无法进行审慎的思考。

情绪不仅对引导决策很重要，而且有时候情绪已经以某种方式知道了最佳决策并率先做出这样的决策。我们可以把这称为直觉、第六感或预感。无论叫什么，它可以帮助你的理性做出选择。

达马西奥的假设是这种直觉被刻在了大脑中，就像黑胶唱片上的凹槽。他把这种假设称为“躯体标记假设”。每当面对一种情境，我们便会记录下相应的积极情绪或消极情绪，就好像我们把情绪知识储存在大脑中。实验中两类赌徒的行为说明，获取情绪知识一定涉及前额叶皮层的功能，这一区域与边缘系统相连。获得了情绪知识之后，前额叶皮层就可以像向导一样控制我们的行为了。获得的信息会成为宝贵的知识，以备在下一次遇到类似情况的时候采取正确的行动。无情的损失让大脑完好的赌博者吸取了教训，认识到从不利的牌中抽牌的风险。内侧前额叶皮层受损的赌徒无法记录和提取这些信息，因此会不断犯相同的错误。

在现实生活中，我们会面对无数情绪知识能派上用场的情况。这些情况可能是比较简单的选择，比如把客厅刷成什么颜色、去哪里度假或买哪幅画，也可能是很重要的选择，比如和谁约会、购置哪处房产或者是否接受某个工作机会。在每一种情况中，情绪线索都会引导你的行为，就好像被刻在黑胶唱片上的歌曲，总会默默地在我们耳边发出警告，告诉我们应该怎么做。

达马西奥突破性的实验彻底修订了认为决策完全由理性负责的主流理论，建立了一个新理论，认为情绪在决策中、在大多数看似理性的选择中是必不可少的。情绪和理性不是大脑中两种互相独立的功能，它们是相互依赖的。大脑的计算能力使你可以进行复杂的分析。但是正如达马西奥的实验结果所示，你无法做出任何好的决定。在极端的情况中，你什么决定也做不了。就像对去哪家餐厅吃饭犹豫不决的脑损伤患者，你会陷入对无数优势和劣势的仔细评估中。有时我们会做出某个决定，但没办法解释为什么。情绪在理性的背后，无意识地帮我们做了决定。情绪会做出它自己的判断，而且它的判断和理性具有同样的可靠性。事实上，如果没有情绪很有说服力的建议，理性根本无法发挥作用。

这些实验还重新描绘了已经被人们固定下来的大脑功能分布。实验显示，前额叶皮层中一个被认为只负责分析和逻辑的区域确实与情绪有关。如果没有这个区域，有助于决策的情绪会无法整合到这个过程中。

在埃利奥特之后，研究者还观察了其他一些患者，寻找能够证实自己最初发现的线索[16]。在有些情况中，前额叶皮层的损伤造成了以显著的攻击性和冲动性为特征的综合征。一位 56 岁的男性 J.S.（我称他杰伊）头的前部受伤，昏迷不醒，被人送进伦敦一家医院的急诊科[17]。检查显示，他的眶额皮层以及左侧杏仁核受损，眶额皮层位于前额叶皮层最低、最靠前的部分，就在眼睛后面。

还在医院里的时候，他的行为就变得非常古怪了。例如，有人发现他骑着医院的手推车。就像盖奇和埃利奥特一样，他不会提前做计划，有时会毫无目的地在伦敦到处逛，或者完全没计划什么时候回来。他也没办法正常工作。从根本上说，杰伊前额叶皮层的损伤破坏了他计划、记忆和集中注意力的能力。同时，他也变得急躁易怒，还特别有攻击性。他不仅不配合治疗，还经常攻击和伤害医务人员。他已经完全意识不到自己的哪些行为会危害其他人。他不顾及周围人的安全，对自己的行为毫无内疚或懊悔，甚至还殴打护士。有一次他推着一个坐轮椅的患者到处跑，不顾患者的尖叫抗议。他对自己的行为是否被社会所接纳完全不敏感，也从来不会对自己的行为负责[18]。

在对一群冲动杀人者的研究中，我们进一步证实了前额叶皮层在控制攻击性上的作用。在这些冲动杀人者的大脑中，前额叶皮层的很多区域都表现出不正常或功能降低[19]。

对一些患者的观察所获得的证据显示，前额叶皮层通常对边缘系统的组织具有抑制作用，其中包括杏仁核。当前额叶皮层受损或者发生了其他问题时，杏仁核就会从这种抑制中被解放出来，使患者很难控制自己的攻击性[20]。

这些研究得出的总体结论是，前额叶皮层对边缘系统具有调节或控制作用。前额叶皮层可以抑制冲动的暴发。这可能是因为这两个系统并不是彼此孤立的。相反，它们有着细微的联系，使得它们的功能有所整合。所以人类最终的行为一定受到了边缘结构和前额叶皮层共同的调节。

各种各样的行为都会用到控制和自我克制，从非常琐碎的选择到最卑鄙的暴力行为。例如，幸亏有前额叶皮层，我们才能低抗住寅吃卯粮的诱惑，才会选择无糖咖啡来降低葡萄糖的摄入量，保持体形[21]。如果没有前额叶皮层，我们会很难完成任何一项工作，还会对事物的利弊漠不关心，或者无法克制自己的愤怒。

易怒家族

人们在脾气和暴力倾向上的差异还体现在另一个层面上。我们需要从大脑解剖学深入到一种肉眼看不到的事物：基因。

遗传学的目的就是寻找差异。为了了解基因的作用，遗传学家会研究基因出问题、缺少某种基因或者基因发生突变时，会出现什么情况。荷兰的一个研究显示，攻击性具有遗传因素，来自同一个大家族的男性表现出持久且显著的攻击行为[22]。他们很容易变得极度愤怒和暴力，很容易爆发攻击和冲动行为，比如强奸、攻击、杀人、抢劫、纵火和暴露癖[23]。其中有几个人甚至存在轻微的智力缺陷。这些特征不断地出现在同一个家族中，这促使在阿姆斯特丹工作的科学家汉斯·布伦纳（Hans Brunner）猜想，他们的行为可能是遗传构成上的某种异常造成的，因此开始对这些人进行DNA测序。他有了非常惊人的发现。这些人负责产生单胺氧化酶A的基因都出现了错误。变异发生在X染色体上，X染色体遗传自我们的母亲。

酶能够分解其他分子。单胺氧化酶A会分解神经递质，比如多巴胺、5-羟色胺和去甲肾上腺素，这些分子使大脑的神经元能够互相通信，以某种方式塑造了我们的情绪和性格。这些荷兰人的变异非常罕见，而且影响力很大。从根本上说，这些人无法产生单胺氧化酶A[24]。在发现了这种罕见的突变之后，更多科学家开始研究人类是否存在着其他形式的单胺氧化酶A基因[25]。虽然不同个体的基因序列绝大部分是相同的，但正是DNA碱基的细微差异造就了独特的个体，使每个人都互不相同。这些差异构成了所谓的遗传变异。这些改变通常没有什么影响，但有时候会造成分子功能的丧失或改变。

人类在单胺氧化酶A上确实存在遗传变异，也就是说个体之间在相关的

DNA 序列上存在细微差异。单胺氧化酶 A 基因主要有两种基因型：较长的，产生的酶比较多；较短的，产生的酶比较少。如果你身体中的酶比较少，大脑中神经递质的降解就会比较慢，效率比较低。1993 年的一项研究发现，具有低活性单胺氧化酶 A 基因的人更有可能出现冲动和攻击行为。此外，单胺氧化酶 A 基因被改造掉的啮齿类动物的 5-羟色胺水平升高，这类啮齿类动物中雄性的攻击行为会明显增加[26]。

在发现了单胺氧化酶 A 基因对攻击性和暴力的影响之后，它很快被起了一个绰号叫“战士基因”，一时间大量文章都宣称低活性的单胺氧化酶 A 基因与攻击性及暴力行为相关，就好像攻击性和暴力行为只是坏基因的结果一样。

20 世纪 90 年代，在刚刚获得这些发现时，基因的作用以及它们对行为的影响让人们激动不已。1953 年，研究者发现了 DNA 的结构并意识到这种分子携带着遗传信息。40 多年之后，全球的科学界正向着下一个重要的里程碑努力，那就是解码基因组，即个体所有遗传物质的序列。随着研究者在人类基因工程研究上的争先恐后，你可以感受到他们无比的热情。这是一个基因为王的时代。

媒体的报道充斥着有害的通俗科学，传播着过于简化的理念，即每种行为的背后都存在着一种基因，而且这种基因能够被发现。这种言论被称为“基因决定论”[27]，它相信由于遗传构成和神经元连接，我们的行为注定会遵循某种方式。然而在人类基因组发表后不久，研究者便清楚地认识到，对于复杂的行为来说，基因的影响比较小。因为你携带着某种形式的基因，所以你不暴力。基因与行为这种直接的因果关系只在某些情况下成立，这时单一的基因缺陷就会导致大脑功能障碍[28]。典型的例子是亨廷顿病，这是一种会导致神经元日益减少的神经退行性疾病。它会造成肌肉不协调和痴呆症。如果你的 4 号染色体中碰巧出现了一小段DNA序列的过度重复，被称为CAG重复序列，那么无论你做什么、在哪儿出生、在哪儿生活，你都会患上亨廷顿病。

然而，大多数行为特征出现的原因比这复杂得多。首先，大多数行为特征涉及多个基因，是很多基因同时相互作用的结果。到目前为止，单胺氧化酶A基因无疑是被研究得最多的基因，被认为与攻击性的关系最大，但它不是唯一与攻击性有关的基因。令情况更加复杂的是，一种基因可能负责不止一种行为。所以虽然我们认为亨廷顿病源于一种基因，但因此将类似攻击性这样复杂的特征归因于某个基因是不正确的。事实上，我们可以给单胺氧化酶A基因贴上更多的标签，比如“抑郁基因”或“赌博基因”，因为表现出这些行为的个体也被发现单胺氧化酶A基因序列发生了改变[29]。

只知道某人携带着某种基因变异对预测他是否会表现出某种行为没什么用处，因为与此相关的变量非常多。

基因与环境

其中一个变量无疑是环境。如果没有充分意识到环境对行为的作用，我们就无法研究行为。行为在外界环境的刺激下表现出来，而且某个行为的出现也有环境作用的影响。后天教养和创伤性经历对人格的发展影响很大。环境会干扰基因的某些作用，并与个人发展的结果相互影响并形成折中方案。例如，基因组完全相同的同卵双生子如果在不同的家庭或社群中长大，他们的人格最终会不太相似。

以反社会和暴力行为为例，很多因素都对其具有影响作用，比如童年时受到虐待或忽视、不稳定的家庭关系，或接触到暴力。新西兰的阿夫沙洛姆·卡斯皮（Avshalom Caspi）和泰里·墨菲特（Terrie Moffitt）领导的突破性研究对此提供了很好的证据。他们和同事一起研究单胺氧化酶 A 基因的变异是否能调节各种童年时受到的虐待的影响。研究者很幸运地找到了一群被试，通过调查、家庭报告、测试和访谈对他们 3 ~ 26 岁的生活进行了密切的监测，尽可能地追踪研究这些被试是如何成长和生活的。他们发现尽管单独的单胺氧化酶 A 基因没有很大影响，但它对童年期受虐待的经历如何影响反社会行为的出现具有调节作用。相对于携带着高活性单胺氧化酶 A 基因的人，携带低活性基因的人明显更容易受到虐待的影响（图 1-3）[30]。

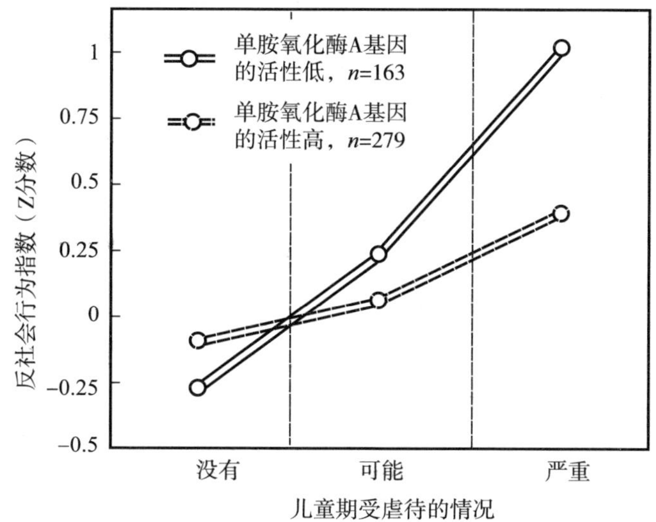

图 1-3　单胺氧化酶 A 基因与环境的相互作用

如果携带着低活性的单胺氧化酶 A 基因，童年受到严重虐待的个体会更有可能表现出反社会行为。

资料来源：Caspi et al., 2002, reprinted with permission from American Association for the Advancement of Science

超过 80% 携带低活性单胺氧化酶 A 基因的人最终出现了反社会行为，但前提条件是他们必须在生活中有过被虐待的经历。相比之下，如果他们在健康的环境中长大，没有受过虐待，那么只有 20% 携带低活性单胺氧化酶 A 基因的人会变得很暴力。

后续研究检验了其他形式的环境影响，并使用了其他方法测量暴力行为，包括攻击性的自我报告，也独立地得出了相同的结论[31]。

需要记住的是，单独的基因并不会转化为情绪。基因不是行为的本质，单胺氧化酶 A 也不是攻击性行为或犯罪的同义词。基因之所以重要，科学家之所以对它们穷追不舍，是为了找到能够提供线索的基因，这些线索暗示了行为的遗传机制，尤其是会产生临床后果的行为。通过发现这类基因，你可以查明导致症状表现的神经化学通路，当然也可以找到大脑中负责这种行为或疾病的脑区。

然而，没有神经科学家会告诉你，像单胺氧化酶 A 这样的基因变异就足以决定暴力行为或让某人成为罪犯。最近我无意中读到了吉姆·法伦（Jim Fallon）的故事，他是研究人类行为的美国神经科学家，他的家族中过去曾出现过几名罪犯[32]。出于个人目的，法伦检查了几位家庭成员的大脑，评估他们患阿尔茨海默病的风险。后来，他的研究在家族聚会上被传开了，他的母亲向他透露了一直被隐瞒的家族秘密。1673 年，他的一位祖先因为杀死自己的母亲而被绞死，这是新大陆上最早的弑母案件之一。从那之后，法伦的家族中又发生了 7 起谋杀事件，最恶名昭彰的可能要数他的一位远房表亲丽兹·波顿（Lizzie Borden）了。1892 年，她在英格兰被指控用斧子砍死了自己的父亲和继母，但最终被无罪释放。

法伦博士就职于加州大学欧文分校，他携带着低活性的单胺氧化酶 A 基因，还携带着其他四种与暴力相关的基因变异。脑扫描还显示，他的眶额皮层的活动性较低[33]。从根本上说，法伦至少存在两个会使他成为暴力杀手的要素，他成为暴力杀手的可能性比没有这些生物特性的人更高。但是他没有变成杀人犯。除了喜欢冒险行为，比如在肯尼亚的某个狮子经常出没的地方钓鳟鱼之外，他的行为完全没有表现出威胁性和暴力性。为什么呢？正如法伦自己的解释，他缺少导致暴力的一个重要因素：糟糕的童年。他说在成长过程中，自己没有经历过创伤，也没有身处在一个充满敌意的环境中。他的童年很安乐。显然，他可以对自己以及亲属的大脑和人生经历进行更加深入、细致的调查，但这位研究行为的神经科学家有趣的人生故事足以说明，基因的作用是相对的。

在乡村度过的那一天里，我对布鲁斯有了更多了解。他坚持要测一测自己的 DNA。不过我说服他要更充分地利用科学的价值，报名参加一项包含数百名被试的研究，研究会测量他们的攻击性水平与 DNA 变异、童年经历、成长环境等因素的关系，所有被试都是匿名的。

我测试了自己的 DNA，请允许我在这里披露一下，我携带着高活性单胺氧化酶 A 基因，这看起来和我特别不容易生气是一致的，当然在某种程度上也因为我是在健康的环境中长大的。即使我携带着低活性的单胺氧化酶 A 基因，我也不一定会变得凶残，顶多像法伦那样。相应的基因与敌意的环境相结合才会增加反社会行为出现的可能性。

听证席上的大脑

自从发现了基因与攻击性之间的联系之后，律师们便尝试着用这类生物学信息作为证据，为客户的犯罪行为辩护，说是基因或大脑使他们犯罪的。

尽管司法系统从来都是不完美的，但这个做法太简单直接了。如果一个嫌疑犯被控犯下了暴力罪行，并且是自愿犯罪的，即怀有犯罪的念头，那么他就应该受到审判。如果违法者的神智不完全清醒或者没有完整的心理能力，那么可以从轻判决。对法官和医学专家来说，确定嫌疑犯的心理能力并据此做出判决是很有挑战的事情，这类考虑的实践和结果取决于当时所处时期的医学知识。

直到不久之前，存在心理问题的嫌犯是否有罪只依据大量的精神病评估来判断。如今遗传学和神经科学被引入法庭，动摇了能动性和有罪性的理念。

世界上第一个用单胺氧化酶 A 来进行减刑辩护的案例可以追溯到 1994 年美国的一次审判。从那之后，全世界至少有 200 个案例使用了遗传证据，其中英国大约有 20 起[34]。2009 年，意大利一家法院将一个被定罪的杀人犯的刑期减了一年，因为他携带着低活性的单胺氧化酶 A 基因[35]。这成为欧洲第一个遗传信息影响司法审判的案例。杀人者是阿卜杜勒 - 马利克·巴尤(Abdelmalek Bayout)，他是阿尔及利亚人，捅死了一个侮辱他的人，这个人嘲笑他为了宗教目的而画的烟熏妆。做出减刑审判的法官说，他认为单胺氧化酶 A 基因的证据很有说服力，因此接受了法医学专家提出的作案动机。法医学专家说巴尤的基因使他在被激怒时很容易采取暴力行为。在美国，甚至脑成像也被用于减轻被告的罪责，但这种方法还没有被英国的法庭采用[36]。

2012 年初，美国对近 200 名法官实施了一个有趣且有参考性的调查。调查显示，提供生物学证据的专家证言会使法官网开一面，对根据真实事件改编的虚拟案件从轻量刑[37]。一般来说，法官会减刑一年。然而被调查者对考量生物学信息时的权重看法并不一致，这些生物学信息包括单胺氧化酶 A 基因证据和杏仁核功能不正常。在有些法官看来，生物学证据是减刑的考虑因素，因为它代表了人类行为内在的、不可改变的原因，是犯人无法控制的。有趣的是，另一组法官的看法正相反，他们认为犯人的基因和大脑会使他们成为社会中恒定的危险分子，容易重复犯罪，而且惩罚也不能使他们改过自新。后一组法官更关心犯人未来的行为，而不是他们过去的行为。给他们减刑、让他们更快重返社会令这些法官感到不安。

神经科学家兼作家大卫·伊格曼（David Eagleman）支持在法庭中运用神经科学。他提出，现有的关于有罪性的法律概念一定会随着神经科学的发展而改变[38]。无论是大脑形态的改变、明显的基因缺陷还是细微的神经化学改变，犯罪行为的生物学解释在量刑时都应该被考虑进去。因此，意志力、自由意志和过错性的概念会发生改变。在伊格曼看来，在法律体系中提出是否有罪的问题是错误的，因为假以时日神经科学会揭示每个罪犯都具有导致他们犯罪的大脑生物学要素。如今关于某人有罪的判决几年后可能会改变，因为会出现评估罪犯大脑生物特性的新方法。与调查中具有前瞻性的法官们一样，伊格曼的结论是：我们应该问，根据我们正在逐渐加深认识的罪犯的生物特性，他们再次犯罪的可能性有多大。

2012 年 7 月 19 日，一名从神经科学博士生项目中退学的 24 岁学生詹姆斯·霍姆斯（James Holmes）在美国科罗拉多州奥罗拉市一家电影院里开枪射击。他的射击目标是观看《蝙蝠侠：黑暗骑士崛起》首映的无辜观众。霍姆斯拿着一把雷明顿 870 型猎枪和一把突击步枪，戴着氧气面罩，穿着凯夫拉尔纤维制成的套装，这让他看起来就像电影中的大反派贝恩。一些幸存的目击者说，霍姆斯扔出一个烟雾弹，一开始观众们以为这是首映演出的一部分，是蝙蝠侠的粉丝装扮成电影中角色的样子为首映助兴。霍姆斯杀死了 12 名无辜的观众，造成 58 人受伤。他被拘捕起来，等待审判。霍姆斯是在接受精神病医生治疗期间犯罪的，在疯狂扫射观众的几分钟前，他曾尝试给精神病医生打电话[40]。

不幸的是，奥罗拉市的枪击并不是孤立的事件。在美国，仅2012年，在霍姆斯射击观众之前和之后就发生过几起类似的事件。2012年6月，一名枪手在亚拉巴马州奥本大学（Auburn University）校园附近的泳池派对上射杀了3人。两周后发生了奥罗拉市的影院枪击事件。之后在威斯康星州奥克里克市一座锡克教寺庙里，一名男子射杀了7人，使3人受伤。2012年12月，圣诞节前11天，20岁的亚当·兰扎（Adam Lanza）制造了最残暴、致死最多的美国校园枪击事件之一。在康涅狄格州纽敦镇，兰扎先在家枪杀了自己的妈妈，然后在一所小学里，开枪射击无辜的工作人员和孩子，总共造成28人死亡[41]，其中20人是6~10岁的孩子。纽敦小学枪击事件的伤亡人数仅次于2007年发生在弗吉尼亚理工大学（Virginia Tech）的枪击事件，那次事件造成32人死亡。当然，每个人都不会忘记1999年科罗拉多州科伦拜恩高中（Columbine High School）发生的残杀。

虽然神经科学对暴力的生物学基础有了更好的认识，但密切留心社会如何处理犯罪和心理疾病始终是有益的。自从基因与行为，比如攻击性行为之间的联系首次被发现之后，一些知识分子表达了自己的担忧，其中也包括科学家。他们担心，把基因和大脑看成是支配行为的唯一力量，会让我们认为自己没有责任去评价和改善某些社会政策，这些政策可能促成了攻击和暴力行为。例如，如果我们真的相信基因决定智商，那么改善教育体系或促进文化还有什么意义？与之类似，我们发现攻击性和暴力的生物学要素会以某种方式将人们的注意力从社会因素上转移开。同样令人担忧的影响，还有人们对心理疾病的普遍误解。

在纽敦镇枪击事件发生后的几个星期里，遗传学家开始检查亚当·兰扎的DNA，寻找基因序列中的异常或与暴力行为有关的变异[42]。研究者没有透露结果，我们也不清楚这些信息会被如何利用，以及会被用来干什么。一种猜测是，如果获得了结论性的信息，它们可能会被用来筛查存在相同异常的人，以提前发现潜在的违法者，这种筛查甚至可能被用于学校里的孩子[43]。但是这并不能保证我们可以防患于未然。

毫无疑问，遗传变异会影响我们的大脑和做出攻击性反应时的神经递质水平。然而，认为这种遗传改变就是直接导致某种行为或决策的力量还有待商榷。以单胺氧化酶 A 为例，这可能意味着所有携带这种低活性基因的人都应该被减刑，但肯定不是所有携带这种基因的人都会攻击他人。为了获得更准确的观点，我们应该记住低活性的单胺氧化酶 A 基因很普遍，至少在高加索人中是这样，基因携带者大约占人口的 34%。这意味着在高加索人中，大约 1/3 的人携带着低活性的基因型，但这 1/3 的人肯定没有都去犯罪。

在这类人中开展预防活动显然会造成不好的影响。正如我们所看到的，单单是环境就能显著增加暴力行为的发生频率。暴力的出现往往伴随着充满敌意和暴力的成长环境，比如被虐待、被遗弃。基因只是调节器，它有可能放大这些因素的作用，也有可能减弱它们的作用，就像音响设备的音量旋钮。除了筛查 DNA 变异，我们还可以做些其他事情，那就是为成功的社会福利计划投资。

我们可以检查罪犯的大脑，寻找前额叶皮层中的异常。我们甚至可以检查他们的基因型，寻找单胺氧化酶 A 基因以及其他基因。但是每个人的大脑都不相同，而且在不断改变着。因此，为了发现致使某人犯下暴力罪行的生理条件，我们只能在他正在犯罪时检查他的大脑[44]。

最后，不要忘了，如果购买枪支的规定更严格一些，那么像詹姆斯·霍姆斯和亚当·兰扎这样的个体，以及所有前额叶功能不正常或拥有低活性单胺氧化酶 A 基因的人就无法犯罪了，至少在美国是这样[45]。

奥罗拉市枪击事件仅仅发生了几天之后，恐怖的气氛就蔓延到了曼哈顿人潮涌动的西 33 街和第五大道的人行道上，那里靠近帝国大厦。一名男子拔出枪，射击一周前解雇了他的前雇主。正如《纽约客》中刊登的报道，在曼哈顿枪击事件后召开的记者招待会结束时，纽约市市长迈克尔·布隆伯格（Michael Bloomberg）简洁地说道："社会上的枪多得可怕。"[46]

安抚你的失意

我已经详细地探讨了作为暴力行为前奏的愤怒，这是一种应该避免和控制的消极情绪。但是愤怒之后并不一定总伴随着攻击，没有愤怒也依然有可能发生暴力。心理学家和哲学家对忽视愤怒、尽量保持平静而不是发泄愤怒的益处争论不休。在《尼各马可伦理学》（*Nicomachean Ethics*）中，亚里士多德写道，每个人都会愤怒。但在适当的时候，为了适当的目的，以适当的方式表达愤怒还需要细心的判断和一点美德。这是我们从孩提时就开始练习的一种能力，我们需要学习如何应对遭遇的不公正，比如有人欺负我们或者同学把我们的新铅笔弄坏了。经过多年的磨炼，当我们成为成年人时，便有希望变得睿智，尽管我认为学习永无止境。

有时把拳头砸在桌子上或者明确地表示抗议好过生闷气，反倒有可能防止你最终采取令人不快的行动。

爆发怒火和生闷气都会对健康造成严重的后果。愤怒主要伤害的是心脏。有些研究已经清楚地表明用愤怒来回应充满压力的情境会增加过早患上心血管疾病的风险，尤其是心肌梗死[47]。另一方面，用有建设性的方式发泄愤怒会产生积极的结果，尤其是在不会升级为攻击的日常事件中[48]。如果我们的愤怒是合理的，那么清楚地表达自己愤怒的原因能够改善人际关系，形成有利于各方当事人的解决方案。因此努力保持适度的愤怒是值得的。

对控制情绪的大脑回路的了解引发了一种技术，它的目的是通过了解大脑来使我们学会如何压制或控制愤怒。在不久的将来，通过驯化大脑，我们有可能获得这种自我控制能力。大卫·伊格曼称之为“前额叶锻炼”，正如你的猜想，它与锻炼额叶的监管能力有关[49]。这项技术主要在于监控当你抗拒某种你知道对你有害的诱惑（比如吃巧克力蛋糕）时，或者当你尽量避免大发雷霆时大脑回路的活动。在克制自己时，你会看到一条线，它代表额叶回路参与并取得了控制。如果这条线一直处于较高位置，那么你就需要付出更多努力。在集中注意力驯服欲望时，你能够了解到哪种心理策略有助于你把线条降下来，同时相应的大脑回路也得到了训练，以达成目标。

如果这类技术在未来若干年中能够被切实地运用，那么可以想象它们会被用来改造罪犯，作为和坐牢同时使用的改造方式，甚至替代坐牢。这听起来像卢多维科技术（Ludovico Technique），但不像卢多维科技术那么令人不安。在电影《发条橙》（*Clockwork Orange*）中，主人公阿历克斯就被施以卢多维科技术。经过条件作用，每当看到、想到实施暴力时，他就会感到恶心。在药物的辅助下,阿历克斯学会了一看到暴力场景就感到恶心。而在“前额叶锻炼”中，是个体主动教会了大脑戒除暴力行为。

大约 2 000 年前，古罗马哲学家塞内卡（Seneca）写了一本关于愤怒的书，提出了一个避免愤怒的好办法。塞内卡很清楚愤怒是存在体不可避免的组成部分。他所生活的古罗马绝不是一个安宁和平的地方。“如果某人要应对很多不同的事情，就不可能很幸运地一整天都不生气，总会有人或事情让他恼火。”[50]

如果我们在拥挤的城区里到处走动，很可能会撞上某些人或者会被某些人踩到脚。在生活中，总会有些事情不能如我们所愿，计划的展开不可能总是和预期一致。“没有人总是幸运，永远能得偿所愿……”塞内卡如是说。对某人发脾气或因为令人恼火的情况而让自己变得火冒三丈简直太容易了。但是在塞内卡看来，愤怒有损尊严，最好避免发怒。“重要的不是对方做错了什么，而是你如何对待他们的错误。”在塞内卡看来，人们应该花时间调查令自己恼火的事件或情境的性质，尤其要避免成为刺激性事物的受害者。“毫无疑问，鄙视挑衅者能使人脱颖而出，俯瞰众人。”

尾声

我们对放纵、攻击和暴力行为的生物学因素的了解很多时候来自一些个体的故事。观察他们的行为，确定大脑损伤的位置，探究遗传缺陷和人生变迁都有助于粗略地了解情绪调控的相关要素。从传奇式的菲尼亚斯·盖奇、达马西奥离奇的患者，到阿卜杜勒-马利克·巴尤、詹姆斯·霍姆斯和亚当·兰扎的犯罪行为，甚至包括布鲁斯在汽车上不耐烦的冲动反应，我们已经看到了各种各样的愤怒和情绪失控的表现形式。

就像犯罪小说里的人物角色，这些人有着他们自己的人生道路。每个人都是独特的个体，有着不同的意愿、动机和价值观。每个人的大脑都带着自己过去的经历留下的鲜明特征。他们表现出了行为的相似性和差异，有着共同的生物特征，又保持着一定程度的个性。盖奇的大脑略微不同于埃利奥特的大脑，而埃利奥特的大脑不同于杰伊的大脑。盖奇和埃利奥特没有变成罪犯。吉姆·法伦和阿卜杜勒-马利克·巴尤都具有低活性的单胺氧化酶A基因，但法伦从来没有实施过暴力犯罪。

本章中各种人物的故事显示，大脑和基因组中的某些异常有时会对行为产生显著的影响。但是每个个体的整体本质以及是什么造就了他们，是大量复杂因素共同作用的结果，所有因素都与生物特征相互作用着，我们对此的认识刚刚开始。

我们的大脑和整个身体是行为的物质基础。但是，它们与我们所生活的人际背景、社会背景、历史背景并不是完全隔绝的。

神经科学家史蒂文·罗斯（Steven Rose）提出了一个很有趣的观点，他把人类看成是有生命的有机体，根据自己的生物特征在时间和空间中构建着人生轨迹。他承认基因和物质自我的力量，但并不赞同决定论。我们不是基因的奴隶。罗斯将这种轨迹称为“生命线”，因为它们就像我们构建并且决定走下去的道路一样[51]。在沿着这些轨迹前行的过程中，我们最终会缩小行为、选择、感情与我们对大脑中发生了什么的认识之间的距离。本章的结论是：行为特征源于生物学结构，它的变化赋予了个体独特的细微差别。然而事实上，我们每一个行为都可以在多个层面进行解释，从单个神经元放电、个人经历中的事件，到环境状况和社会背景。

2°C

内疚 洗不掉的污点

内疚的人对指责非常敏感。

——亨利·菲尔丁（Henry Fielding）

善有恶报。

——戈尔·维达尔（Gore Vidal）

H O W W E F E E L

窗户半开着，清晨的阳光在百叶窗的缝隙间闪烁。微风吹拂，百叶窗不停地拍打着窗户。有那么一会儿，我不确定自己是已经醒了，还是依然睡着，半梦半醒地躺在那里。我一动不动，试图搞明白周围的环境。我忘了自己在哪儿。清晨时梦中的不愉快感把我惊醒，我想我一定要记住这个梦，不能让它钻过意识的滤网，消散得无影无踪。

这是一个非常奇怪的梦。它围绕着我和老朋友埃斯拉的约会，我们约好在罗马见面，对此我已经期盼了很久。在约定的那一天，我们相约在特拉斯泰韦雷她住的酒店旁边的河岸上见面。当我来到约定的地点时，她不在那里，我独自坐在长凳上。在我等埃斯拉的时候，有几个人陆续停下来，向我打听时间和日期，他们是一个乞丐、一个交通管理员、一个警察，甚至还有一个修女。每一次我都会看看手表，感觉自己有责任回答他们的问题。问完之后，他们都会焦急地跑开，还说他们“迟到了”。没有埃斯拉的踪影。

时间在梦中时快时慢地流逝着，等待好像永无尽头，我开始不耐烦起来。我给酒店打电话，但没人接。我试着打她的手机，她也没有接。我渐渐开始变得烦躁，甚至有点心烦意乱。这时，一些戴着眼镜、拿着麦克风的教授在我面前列队走过。他们都盯着我，我不知道为什么会这样。其中有的人充满了好奇，有的人面无表情，一脸的冷漠。我给埃斯拉的语音信箱留了信息。

突然，我听到“砰”的一声巨响，就好像从天上掉下来什么东西，砸到了地上。我担心埃斯拉会出事，但也因为她放我鸽子而感到伤心。我再一次拨打她的电话，依然无人接听，于是又留了一条信息。最后，我从长凳上站起来，试图找到声音的源头。我来回转着看，什么也没看到。然后我就醒了，原来那恼人的声音是百叶窗拍打窗户时发出的响声。

你也许在奇怪这个梦有什么意义。当睁开眼睛时，我或多或少地知道了这个梦意味着什么。那些看似荒谬的人物，他们古怪的行为、长时间的等待、与时间有关的问题以及我朋友的消失，都是令我不安的某件事的伪装，那就是我的内疚。

几个星期以来，我一直有种不舒服的感觉。幸亏有纷杂的日常事务将我的注意力转移开，可以让我暂时把那种感觉放到一边。但在短暂的假期中，那种感觉重新找到了出口。有人在敲击我的良知之门。几个月之前，埃斯拉邀请我在她组织的一个有趣会议上发表演讲。这个机会让我很激动，她的邀请让我备感荣幸，于是我热情地答应了。但是我粗心地忘了在日历上标注演讲的日期。因为工作繁忙，我非常疲惫，我竟然把她的邀请忘得一干二净。在距离会议召开还有两三周的时候，我接到了善意的提醒，确认我是否参加会议并请我提交论文。什么？

我惊慌失措。

我需要提交一篇以前从来没有提交过的论文，而在埃斯拉的研讨会之前，我还要出几趟差，做几个演讲。即使我从现在起不眠不休地忙到最后期限，依然不可能为埃斯拉的研讨会做好充足的准备，不可能做一场不辜负她邀请的好演讲。

虽然很不情愿，但我还是取消了参会，因为实在没有更好的选择了。我不住地向她道歉。埃斯拉完全没有生我的气，但我被内疚感折磨着。没有履行承诺让我感觉糟透了，我不敢相信自己竟然忽视了参会的要求，尤其那是朋友的会议。我自己也组织过会议，知道在最后一刻发现有一个空缺意味着什么。觉得自己的行为很糟糕的想法一直萦绕不去，我深深地恨自己没有做到应该做到的事情，没有在日历上做标记，留心时间表的进展，为朋友诚挚的邀请做准备，给朋友的会议增光。

H O W W E F E E L

内疚感就像鬼魂一样，经常出现在梦中，它变换着不同的伪装，有时神秘，有时离奇。1895 年夏天，弗洛伊德自己也做了一个以内疚为主题的梦，这帮助他构建了解释夜晚谜一般的潜意识流的理论[1]。

在弗洛伊德的梦中，一切都指向因为他误诊了一位患者而产生的内疚感，这位患者就是弗洛伊德的朋友伊尔玛。根据弗洛伊德的诊断，伊尔玛患有歇斯底里症。经过一段时间的治疗，伊尔玛的病情有所好转，但她依然会感到身体疼痛、不舒服。然而弗洛伊德没有理会她的症状，认为她的感受并非来自器官的病变[2]。

在弗洛伊德做那个梦之前的一个傍晚，他最好的朋友之一奥托·兰克（Otto Rank）跟他说起近日去探望伊尔玛的情况。他说伊尔玛好一些了，“但没有彻底康复”。弗洛伊德感觉到兰克语调中隐藏着一丝批评，认为他或许是在转达来自伊尔玛和她的家人的责备。弗洛伊德变得不安起来。

梦的场景是在他家举办的一次聚会，他把伊尔玛拉到一边，坦率地告诉她：“如果你还感到疼痛，那真的是你自己的错了。”然后弗洛伊德检查了她的喉咙，他发现喉咙里满是淡灰色和白色的疮痂，显然存在着感染。梦中的另一位医生也证实了这一点。现实中，伊尔玛接受过一次注射，在梦里弗洛伊德怀疑注射比较马虎，使用的是未经消毒的注射器。

弗洛伊德显然觉得对低估伊尔玛的病情负有责任，但他转而指责伊尔玛，指责其他医生处理不当。内疚感非常强烈，让他无法接受，于是他把这种感受转嫁给了别人。但是他非常清楚，这个梦与他在现实中感知到的治疗失败有关。这次具有启发性的经历让弗洛伊德得出结论：“梦是有意义的，虽然是隐藏的意义。它的作用是替代其他思维过程。为了发现梦的隐藏意义，唯一的问题是正确地揭示出替代物。”[3] 弗洛伊德还总结说，梦通常是愿望的实现。在这个例子中，愿望就是他可以换一种做法，这样就可以免除他对伊尔玛迁延难愈的疾病所负有的责任。同样在我的梦里，我也在尽量洗刷未能履行承诺的内疚感，我梦到埃斯拉约会迟到，这样就可以转而指责她。

我依然躺在床上，慢慢从思来想去中回转过来。我拉起百叶窗，向外看，又是一个晴朗的日子，我无牵无挂。我认为好好地散个步对我会有好处，于是走上街道，沿着河边向着市中心走去，打算好好利用这美好的一天。

糟糕的行为

内疚感涉及不当的行为，甚至也包括只是认为自己做错了的想法。错事一般包括冒犯、忽视他人，或者给他人造成伤害、违反规则或社会规范。它必然包含判断正确与错误，区分什么是可接受的、什么是卑鄙的、什么是有利的、什么是有害的。对我们在乎的人莫名地大发脾气，或者对别人恶声恶气，比如上文中布鲁斯的故事，就会引发内疚感。内疚是一种道德情绪，或许是典型的道德情绪，它关系到价值观。

当思考复杂的情绪，比如内疚、自负、虚荣或谦卑时，达尔文疑惑是否能够通过不同的身体表达来清楚无误地分辨出它们。一些在全世界范围内收集情绪照片的外国记者确实为达尔文提供了一些答案。对于内疚，他们主要参考的是面部表情，内疚者会躲避指责者的目光，低垂着眼皮，眼睛半睁，只敢偷偷地瞄对方[4]。达尔文称他在自己两岁儿子的脸上看到了内疚的表情，“他眼睛里不自然的光亮、无法描述的做作而古怪的举止”泄露了他尚未被发现的“小罪行”。

为什么我们会感到内疚？它来自哪里，有什么用？

我们或多或少凭直觉就可以知道为什么愤怒是有益的，尽管不受控制的狂怒以及具有毁灭性的危险情绪形式会消耗很多能量，但愤怒是保护我们不受攻击的一种策略。它是对侵犯边界行为的抗议，这些边界保卫着我们的生存和尊严。

像愤怒一样，内疚受到个人价值观、行为规范和我们所在文化的准则的影响。不过内疚是愤怒的反面。当其他人冒犯我们时，我们会感到愤怒；在我们冒犯或妨碍了他人之后，我们则会感到内疚。除了我因为没有信守承诺而感到的内疚之外，我至少能列出十几种不同的内疚：想一想你上班迟到或超过期限时感到的内疚；如果你超过一周没有给父母打电话，或者选择生活在距离他们几千公里之外的地方，你会感到父母强加给你的内疚；我们会因为做了某事或没做某事而受到内疚感的折磨，比如逃了一节瑜伽课，在酒吧里吃掉诱人的炸薯片，或者戒烟失败；忘记回复邮件会让我们内疚整整一个星期；当我们感到自己忽视了同伴或对他们恶声恶气时，或者当我们比他们更成功时，内疚感就会袭来；甚至高兴开心也有可能让我们感到内疚。

我们还用内疚感来操纵他人。我们会让员工对他们的过错感到内疚，会让家人因为要求得太多或给予得太少而感到内疚。这类事情还有很多很多。

内疚感日积月累，成了沉重的负担，它深入我们的内心，变得无法消除。

内疚使我们无比忧惧，它无情地咬噬、折磨、攻击着我们。它就像鞋里的小石子、某种沉重的负担或蜇人的虫子。这些都是经常被使用的比喻。

当感到内疚的重压时，我们肯定会耗费很多时间反复想它。现在想象一种生活，你的社交和人际中没有任何内疚。如果你不认为这是一个荒谬可笑的练习，而是认真思考没有内疚感的生存状态，你可能会想：那是多么轻松啊！如果没有各种会造成新的内疚或让内疚感久久无法消除的情况，我们一定会获得大量的时间和内心的平和。

但是，如果我们没有或者不会感到内疚，便会重复犯错，失去调整和改进行为的动力。我们会漠视社会和道德规范，不理会自己行为的结果。有懊悔之心的杀人犯会因为要了别人的性命而受到内疚感的折磨。相比之下，精神病患者通常不会感到内疚。因此从生物学角度来说，内疚是一种社会补救工具，确保某些行为不会再发生。它能够让我们把自己塑造得更好。它抑制自私自利，为利他行为和亲社会行为创造了空间。内疚感确实令人不快，而且持续时间长，很难消除，但正因为如此，内疚会激发我们采取道歉等行动，修复造成的破坏，尝试消除、弥补过错行为带来的后果。因此，内疚会激励人们以道德和社会所接受的方式采取行动，纠正我们的行为。

在本章中，我的主要目的是告诉你们神经科学对内疚的研究结果，以及科学家认为它藏在大脑中的什么地方。在那之前，我还会告诉你内疚与道德纯洁性的概念有怎样的联系，与它和时间、记忆的特殊关系有怎样的联系。不过首先，我要简单地向你介绍一下内疚的几位朋友。

内疚、懊悔和羞愧

内疚经常被误解为其他情绪，尤其容易被误解为懊悔和羞愧。这些情绪之间存在相似之处，但也有根本性的差异。

内疚和懊悔都需要承担决定、行为选择或者行为疏忽所带来的有害后果，但懊悔在道德上的强度稍弱些。当决定的结果不像我们预期的那样理想，或者被放弃的选择更有利时，我们就会感到懊悔。但是与令人内疚的行为不同，令人懊悔的决定并不伤害他人。例如，你洗完澡后把衣服和鞋落在了浴室，后来你被这些衣服和鞋子绊倒，摔伤了胳膊，你会感到懊悔。但是如果衣服和鞋子绊倒了你的弟弟，因为你的疏忽导致他摔伤了胳膊，你就会感到内疚[5]。错过机会也会让你感到懊悔。例如，你可能懊悔听从了父母的建议，把自己青春中的四年浪费在了法学院里，后来才意识到法律职业不适合你，数学或艺术是更好的选择；或者懊悔因为缺少勇气，迟迟没敢和地铁上邂逅的一个美女搭讪。

更加有趣的是内疚与羞愧的差异。这两种情绪确实很相似，它们都涉及我们的道德自我。当感到羞愧时，我们会退缩，变得内向。我们感到自卑，觉得自己不够好、没有价值。我们想逃出别人的视线，在地上找个洞钻进去。因某事感到羞愧时，我会觉得好像一阵疾火在烧着我。羞愧还会深藏在我们的心灵中，留下深深的伤痛。羞愧具有破坏性。

内疚和羞愧有可能同时发生。内疚的摩擦会引发滚烫的羞愧感。心理学研究显示两者之间存在显著而细微的差异[6]。一个主要的差异是内疚与羞愧的公开范围。内疚被认为是一种私人体验，其特点是对自己不道德的行为思来想去。羞愧本质上是公开的，因为它源于其他人对我们的行为、错误或违法违规的评判。从根本上说，内疚在私下里发生，而羞愧会有观众[7]。

区分羞愧和内疚的最好方法或许是观察对方的脸。脸红说明这个人感到羞愧。脸红是羞愧的生理反应的一部分，内疚则没有这样的反应。即使你的良知在刺痛你，你也不会脸红，因为你感到的是内疚。别人对你行为的看法会让你脸红。一般来说，人们对指责和责备比对表扬和赞美更敏感。你的脸颊、脖子，有时还包括耳朵，都会因羞愧而变得绯红，如芒刺在背[8]。

洗刷内疚

走过圣安杰洛桥时，我禁不住眺望台伯河对岸圣彼得大教堂美丽的穹顶。它是如此完美，超越了一切，同时又无比和谐，令人敬畏。我在那里站了几分钟，欣赏风景。天空一片湛蓝，市中心的清晨难得如此宁静，我陶醉其中，贪婪地呼吸着。在基督教中，对内疚的描述很普遍，而且很深入。我认为它是基督教激励并塑造良好道德行为的重要工具之一。内疚会玷污一个人，让人觉得自己卑鄙肮脏。它会让人联想到不纯洁。教会经常提醒我们，我们是有罪的，要求我们通过忏悔、惩罚和赔偿来赎罪。清洗行为被用来消除道德上的不纯洁。

洗礼就是象征性的清洗，水被认为能够洗去罪恶，甚至能够洗刷掉原罪，那是我们与从知识树上摘下苹果的亚当、夏娃所共有的罪行。

无论你是否信奉宗教，只要你有良知，恶劣的行为都会让你感到内疚。如果你感到内疚，就有可能发现自己很讨厌，甚至是令人厌恶的。内疚与厌恶存在着错综复杂的关系。

从演化的角度来说，感到厌恶、恶心的能力有利于避免吃到腐败或被污染物弄脏的食物。厌恶是一种规劝性的情绪，它能促使人回归纯洁，消除造成玷污的因素。例如，如果我们不吸毒，就会说自己是“干净的”。如果我们的身体里没有病菌，病毒或细菌感染的检查结果都为阴性，那么我们也是“干净的”。

就像恶心是污染物引起的反应一样，内疚引起的厌恶是对违反道德行为的强烈反感，是对我们不赞同或认为很肮脏的行为和思想的一种道德愤慨。例如，我们会觉得某人的看法令人厌恶。我们可能对整个政治体系或人类历史上某个可怕的时期感到愤慨和厌恶。近来，因为对经济危机的处理不当，世界各地很多国家首都的街道上发生了抗议游行，抗议银行家和政客的贪婪与腐败，我们可以明显地感到其中充满了道德厌恶。所有游行示威者所共有的情感就是愤慨。

在英语、意大利语以及其他很多语言中，节操都是通过纯洁的形象来表达的。例如，如果我们的行为无可挑剔，那么我们的良心是“清白的”。如果我们从来没有违反过法律，那么我们的犯罪记录是“清白的”。在大脑中，对腐败食物产生厌恶感的脑区与涉及道德愤慨的脑区存在重叠[9]。有研究显示，当人们决定支持或拒绝在控制枪支、死刑或堕胎上与自己观点不同的慈善组织时，他们眶额皮层的某些部分会变得活跃起来[10]。

另一项具有独创性并且很有趣的研究探究了道德与有形的纯洁性之间的联系，研究涉及肥皂、故事和消毒湿巾。首先，研究者查看当人们接触到道德纯洁性的概念时，是否会想到有形的清洁。研究者让被试回想一个道德或不道德的行为，并描述与它们相关的情绪。之后，这些被试要参加一个词汇游戏，通过填空，把一些字母和空格变成有意义的单词。比如：

W_ _H

SH_ _ER

S_ _P

思考一下，你会怎么填写？

研究显示，答案很大程度上取决于你目前的道德状态。事实证明，那些回想不道德行为的人更有可能组成 WASH（洗）、SHOWER（淋浴）、SOUP（肥皂）这些词，这显然与清洗有关。相比之下，回想道德行为的人填空构成的词一般比较中性，比如 WITH（和……在一起）、SHAKER（调酒器）、SHIP（轮船）。接下来，所有被试，无论他们回想的故事是道德的还是不道德的，都会得到一份小礼物：他们可以选择消毒湿巾或铅笔。结果是，75% 的回忆不道德行为的被试选择了消毒湿巾[11]。

内疚与时间

爱尔兰作家塞缪尔·贝克特（Samuel Beckett）经常拜访住在巴黎的两位挚友，画家阿维格多·阿利卡（Avigdor Arikha）和诗人安妮·阿提克（Anne Atik）。有一次拜访时他带上了伊曼纽尔·康德的全部作品。正如阿提克在回忆录中对他们美好友谊的描写，《纯粹理性批判》（*Critique of Pure Reason*）的书页之间夹着一首短诗的手稿，短诗的题目是《小傻瓜》（*Petit Sot*）。塞缪尔·贝克特写这首诗的缘由是童年时的内疚感[12]。

大约五六岁的时候，贝克特把一只刺猬放在鞋盒里。他非常喜欢这只刺猬，想要好好保护它，甚至每天给它喂虫子，但一天早晨，他发现刺猬死了，这让他无比伤心。安妮·阿提克说，成年后的贝克特曾在一些场合跟朋友们提起这件事。这个令人遗憾的事件在他的一生中萦绕不去，他从来抑制不住内疚的感觉。这件事对贝克特的触动很深，以至于他觉得需要用诗来表达。

情绪通常与记忆有着特殊的关系。在情绪上不重要的事件很容易被遗忘。相反，承载着强烈情绪的事件，无论是积极情绪还是消极情绪，都会被牢牢记住。内疚就像在我们的人生中加标点，对遥远过往的深刻记忆就是人生的标点符号。我依然记得童年时的几件事，它们会引发内疚感，甚至就像达尔文在描写他儿子的内疚时所说的，是孩子们的“小罪行”。例如，我记得当姐姐往下坐的时候，我撤掉了她的椅子，结果她重重地摔在地上，摔出一大块瘀青。虽然这件事已经过去很久了，当时父母也为此批评并惩罚了我，但我依然对此耿耿于怀。

有些研究涉及与内疚相关的自传体记忆。其中一项研究特别考察了这些记忆的时间分布[13]。与道德行为相关的记忆是否不同于其他类型的情绪记忆？换言之，责备是否会影响对事件、行为或行为疏忽的记忆？

心理学家用一些与道德情感相关的词语和行为来引发被试的道德记忆，这些词语有积极的，也有消极的，比如“诚实”“负责”“正直”“有同情心”“偷窃”“不诚实”“欺骗”“卑鄙”。事实证明，他们对积极的道德情感或行为的记忆主要涉及刚刚过去的事情，而对消极的道德事件的记忆主要集中在较早的时期。

这些结果不仅证明与内疚相关的道德行为及其他道德行为不会被轻易忘记，即使过去了很久，我们依然能回想起来，而且它们还引发了另外一个有趣的观点。道德上有问题的记忆存在着某种偏差。我们似乎倾向于重新创造我们的自传，把近期历史和能够显示我们是个“好人”的行为联系起来，而把消极行为推到很远的过去。这就好像我们承认自己做过坏事，但更愿意相信我们现在比过去好多了。相信自己在不断改进这种偏好，与内疚这类道德情感具有修正作用的观点是一致的。

如何选择

思考以下困境。在明媚春天里的一个周日下午，你去美丽的郊外参加朋友的婚礼[14]。其他人都在室内享用自助餐，你想出来呼吸呼吸新鲜空气，在周围的花园里转转。在四下闲逛时，你发现在一条小河里，有个孩子溺水了。他绝望地挥动双手求救，同时挣扎着让头露出水面。你会怎么做？你的第一反应是尽快去救那个孩子。这对你来说很容易，但这样做会毁掉你为这次婚礼置办的价值 2 000 多英镑的名贵礼服。

几乎每个人都会毫不犹豫地救人。任何名贵服装的价值都无法与一个孩子的生命相提并论。这套衣服多么昂贵、高档，也不能为了保住一套衣服而眼睁睁看着孩子淹死，这绝对是可怕的、无法容忍的行为。放任孩子被淹死会让你内疚一辈子，这样做绝对是错误的。

现在想一想以下的情景。一天傍晚，你回到家，看到一封国际慈善组织寄来的信，信上说在非洲的某些地方，儿童无法获得饮用水。只要捐献少量的钱，比如几百英镑或更少，你就可以至少挽救其中一名儿童的生命。你再一次赶紧拿出信用卡，在慈善网站上填写了表格并向需要求助的孩子捐献了一些钱。不过后来你意识到，如果不捐钱，你可以去庞德街买一件阿玛尼西装或其他向往已久的奢侈品。如果再有捐助请求，你会怎么做？

道德哲学家指出，这两种情境在道德上并没什么区别，都是儿童的生命受到威胁的情况。但是在面对第二种选择时，大多数人会认为对慈善组织的信置之不理是可以接受的，在道德上并没有什么瑕疵，他们在这样做的时候不会感到令人不安的内疚。在疯狂购物之后，他们可能会感到一丝内疚，但这通常不会阻止他们下次继续这样做。

哲学家兼神经科学家乔舒亚·格林（Joshua Greene）曾在他的研究中使用过以上情境，他认为两者之间的区别在于它们在情感上对我们的触动有多贴近。发现一个可能溺亡的孩子会直接激发我们的情感。我们和孩子离得很近，他的生命危在旦夕，我们能够听见他的呼救、看到他挥舞的双手，所有这些事实向我们大脑中的情感网络发出了直接信号。相比起来，收到一封信，告诉我们很远的地方有一些孩子有生命危险，确实能打动我们，但程度差很多。我们会想，如果我们没捐钱，也许别人会捐。

正如我们看到的，情绪无疑会影响道德判断。

从上一章丰富多彩的故事中我们可以知道，前额叶皮层在眶额部分和腹内侧部分重叠区域的损伤会导致个体放纵、不负责任，无法控制自己的社会行为，对社会规范和自己行为恰当性的标准不敏感，比较容易违背价值观。在某些情况下，无论是受伤导致的大脑损伤，还是发育异常导致的大脑损伤，都会使个体无法控制自己的攻击行为，表现得很暴力。有些人会表现出反社会行为，而且毫无悔改之心。用纸牌进行赌博的实验显示情绪引导着我们的行为和决定。

格林和他的同事用脑成像来了解当人们面对这样的困境时，大脑会如何运转。他们收集的脑成像结果显示了“个人相关性”程度和“情感接近”程度的差异。在小孩溺水的情况中，进行判断时，与情绪感受相关的脑区会参与进来；而在决定是否给第三世界的孩子捐钱时，就不会发生这种情况。

鉴于他们的研究结果，乔舒亚·格林和其他研究者提出，为什么我们会赶紧救溺水的孩子，却会把募捐信放在一边，这是有演化上的原因的。从演化的角度来看，接到请求给远方孩子捐钱的信或电子邮件是现代的情境，现代庞大的全球通信网络才使它成为可能。我们的祖先更有可能面临需要他们舍己救人的情境。我们的大脑，尤其是调节情绪的大脑回路，经过了成千上万年的训练后，倾向于对这种道德情境做出反应。相比起来，我们对遥远地方孩子的哭声的反应没有得到多年演化的强化[15]。救人的决定涉及更加复杂的推理。

内疚在大脑中的发源地

对于上述这类困境，内疚是其核心。不救那个孩子会成为我们沉重的道德负担，而不捐钱并不影响我们安心地继续生活、花钱买奢侈品和我们并不需要的多余商品，我们很少对此感到内疚。

正如我之前提到的，内疚本质上与选择有关，这些选择会对他人产生直接或间接的影响，或者违反某个社会一致认可的规范。这些规范可能是明确的，比如《刑法》中的法规，也可能是含蓄的，比如习俗中的规范。

长久以来，内疚是心理学的研究主题，而不是神经科学的研究主题。心理学研究涉及在特定的道德选择情境中、在单独的环境中或在模拟的社会群体中，测试个体的决策、态度和行为。现在科学家试图将这些测试与当代脑科学结合起来。如今的脑科学通常会采用脑成像技术，尤其是功能性磁共振成像。这种方法可以测量大脑中的血流量，已经成为实时研究大脑运作的主要方法。这类研究任务无疑是令人生畏的。

对内疚强烈且持久的性质的比喻很容易使我们推断，内疚在大脑中根深蒂固，被深深刻在隐藏的大脑沟回中，不断地敲击我们，就像难以压抑的痛苦记忆在折磨着我们。当我感到内疚时，是否意味着大脑的某个部分在不断激发内疚呢？尽管内疚的影响是持续不断的，但当我们回想起自己糟糕的行为时，内疚感会特别强烈。

科学家通过监控被试在各种道德情境中的大脑情况来探究内疚的神经根源。在有些实验中，被试被要求评判假想的社会行为和道德行为的脚本，类似于以上探讨过的困境，或者被要求选择是否对他人造成伤害。在其他一些实验中，被试会面临让人情绪激动的侵害性情境，比如身体攻击。在另外一些实验中，被试只是读到或听到充满内疚的句子[16]。

柏林查理特研究所（Charité Institute）的乌尔里希·瓦格纳（Ullrich Wagner）和同事进行了各种各样的研究。这些实验的独特性在于它们研究的是个体自己意识到的内疚的神经根源，也就是在回想起某些事件时引发的内疚，比如贝克特对无意中害死小刺猬的痛苦记忆[17]。这些研究的另一个独特之处在于它们的目的是找到大脑中负责内疚的区域，方法是比较回忆令人内疚的往事和回忆令人羞愧（与内疚关系密切）或悲伤（与内疚不太相关）的往事时，大脑中不同的情况。为此，研究者首先让十多名被试具体列出从 16 岁开始，让他们深感内疚、羞愧和悲伤的往事。

研究者没有要求被试提到这些情绪的名称，只是试图从被试的描述中了解那是什么情绪，比如涉及违反规则或伤害他人时的情绪就是内疚，涉及个人的荣誉或名声受到威胁时的情绪就是羞愧，涉及失去时的情绪就是悲伤。这样一来，所有被试对每种情绪的回忆都具有基本的共性，但不会带有因为个人对三种情绪的定义不同而导致的偏差。被试还要为清单上的每个事件提供一个关键词，这个关键词能够触发他们对事件的回忆。例如某人在一次历史考试时作弊，他可能把“历史”作为关键词。如果这件事发生时正下着雨，他也可能选择“下雨”作为关键词。在被试进行脑扫描期间，研究者会用关键词提示被试，让被试尽量再现引发内疚感的事件发生时的情绪，对其他两种情绪也采用类似的做法。

正如你预料的那样，由于实验会唤醒记忆，因此当瓦格纳和同事分析被试的脑成像数据时，他们注意到参与记忆提取的脑区变得活跃起来。成像结果还显示大脑前部，也就是前额叶皮层也是活跃的。大概来说，在诱发出内疚感时，参与的脑区有眶额皮层和背内侧前额叶皮层（dmPFC）的某些部分。更重要的是，在诱发出羞愧和悲伤的情绪时，这些脑区并没有参与（见图 2-1）。基于我们对前额叶皮层这两个部分的了解，这些结果并不出乎意料。既然内疚一定关系到选择和道德决策，那么我们可以推测应该是涉及抑制性行为控制的脑区在发挥作用，这在计算错误行为的后果或者评估这些行为会造成的伤害时是非常必要的[18]。

脑扫描能体现出深切的内疚感吗？确定回忆令人内疚的事情时哪些脑区被激活有什么意义？

我们还不能就此宣称，通过脑成像，我们可以大致确定负责内疚这种情绪的脑区在什么位置，更不用说具体指出哪个脑区只负责内疚，而不负责羞愧或懊悔等其他情绪。

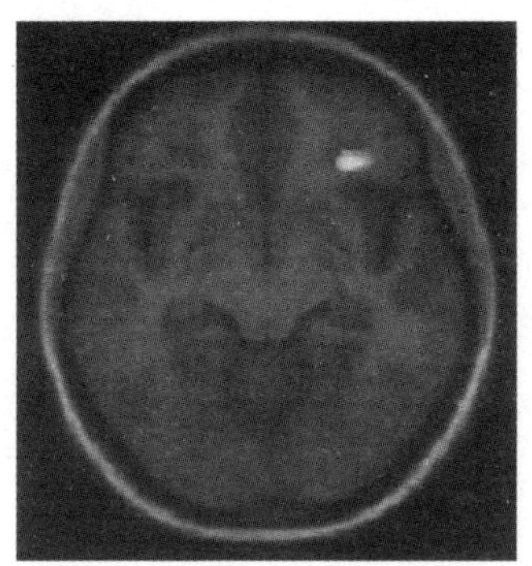

图 2-1　内疚时的大脑激活情况

资料来源：Wagner et al., 2011, Cerebral Cortex, by permission of Oxford University Press

被认为已经捕捉到内疚感的脑扫描图像，对理解为什么消除内疚感非常困难并不是特别有帮助，对理解为什么平息内疚更加困难也没有什么帮助。然而在罗马时，我通过另一幅图像，对内疚的意义有了更好的认识，那是博物馆里一幅不朽的画作。

一个天才画家的故事

我从罗马人民广场拾级而上，爬过苹丘的很多台阶。在我来罗马之前，一位对画家卡拉瓦乔（Caravaggio）非常热爱，并且对内疚也感兴趣的雕塑家朋友建议我去博尔盖塞博物馆（Galleria Borghese）看看这位大师的作品。他特别建议我应该看看《手提巨人歌利亚头的大卫》（*David with the Head of Goliath*）（图 2-2）。这幅画描绘了大卫战胜非利士巨人歌利亚的圣经故事，它和许多其他作品一起放置在一间比较小的展厅里。

图 2-2 《手提巨人歌利亚头的大卫》

资料来源：© Alinari Archives CORBIS

排了很久的队之后，我终于进入了博物馆，欣赏着文艺复兴时期的杰出作品和巴洛克时期的艺术。游客涌入温度很高的展厅，在华丽的大理石地砖上慢慢踱步，绕着雕像边走边欣赏。我找到那幅画时一小群人正围着它欣赏，我只好等着他们走开，这样我就可以一个人站在那幅画前了。画中的景象很难从脑海中抹去。那是一幅颜色暗沉、非常有穿透力的画作，你能感觉画面中隐藏着阴险的事物。卡拉瓦乔的作品以强调明暗对比而著称，这种对比在这幅画中达到了完美的效果。被割下来的头还在滴血，大卫一只手揪着头发，另一只手握着闪闪发光的剑，他就是用手中这把剑砍下了歌利亚的头颅。

艺术能够非常有效地激发情绪，引发作品与观众之间的互动[19]。欣赏画作对我产生了很直接的影响。我不仅为之着迷，而且发现它与我那天早晨的内疚感产生了共鸣。当我对这幅画的创作背景和创作它的大师的人生有了更多了解之后，这一点变得更加明显了。

米开朗基罗·梅里西（Michelangelo Merisi）出生于米兰，在一个名叫卡拉瓦乔的小镇长大，后来人们干脆用他成长的这个小镇的名字来称呼他。他20岁左右时来到罗马，热切地追求成功，寻找适合他发挥艺术天赋的环境。仅仅几年时间，他就成了罗马最著名的画家[20]。

卡拉瓦乔可不是一个脾气随和的家伙。他傲慢、强硬，而且暴躁易怒。卡拉瓦乔经常光顾法庭，他的犯罪记录和他的艺术成就不相上下，好像他不画画的时候就在打架。在罗马生活期间，他被指控骚扰妇女，干扰警卫，把一盘子洋蓟扔向侍者。他还因为诽谤罪受过审判。

《手提巨人歌利亚头的大卫》源自卡拉瓦乔人生中一个重要的事件。1606年5月28日是个星期日，那天夜晚，这位罗马艺术界的天才，35岁的卡拉瓦乔用剑和人打斗，对手死了，他的余生则要在逃亡和藏匿中度过。

因为谋杀，卡拉瓦乔被判死刑。这意味着任何发现他的人都有权上报，甚至可以杀死他，交出他的人头。

在逃亡的日子里，卡拉瓦乔一直渴望回到繁华的罗马。在此期间，他依然不停地画画。逃亡生活是他人生中最绝望、最艰难的经历。尽管如此，或者正因为沮丧、孤寂，他创作出了最有表现力的作品，我面前的这幅就是其中之一。

关于这幅画，有必要提到一个重要的细节。在卡拉瓦乔之前，有几位艺术家曾经把自己画成大卫。卡拉瓦乔则用很独特的方式描绘了这个善战胜恶的场景，因为被砍下来的歌利亚的头正是他的肖像。在卡拉瓦乔的绘画中，大卫有着一副坦诚的表情，完全没有胜利的狂喜，反而充满了同情和怜悯。歌利亚则一脸痛苦，死亡严重扭曲了他的脸。

通过把自己的肖像画在被砍下来的头颅上，卡拉瓦乔表达了对自己行为的忏悔，试图平息自己的内疚感。

在大卫手持的剑柄的侧面有一个首字母缩略词：H.OC.S.，除非你靠近画作，否则很难看到它。这些字母代表了拉丁文 humilitas occidit superbiam，意思是“谦卑杀死骄傲”。这句话被认为是摘自圣奥古斯丁对《诗篇》（*Psalm*）第 33 篇的反思，在反思中他把大卫对歌利亚的胜利比作基督对魔鬼的胜利[21]。“善定胜恶”。在一幅画中我们可以领略到各种道德情感。以谦卑作为支撑的内疚可以使人弃恶从善。

文化背景的力量

卡拉瓦乔是否真的感到内疚还存在着很大争议，对此我们也无从得知。鉴于他过去经常犯罪、打架和搞破坏，因此他很可能没有感到内疚。他用自己的脸来描绘歌利亚并不一定能证明他感到懊悔。没有文档或信件证实他真的后悔了。也有人提出，他把自己描绘成歌利亚是他自恋的另一种表达方式[22]。这幅画或许只是卡拉瓦乔为了重新获得信任，让罗马再次为他打开大门而使用的计谋。卡拉瓦乔把这幅画送给了罗马一个非常有影响力的赞助人，红衣主教希皮奥内·博尔盖塞（Scipione Borghese）。博尔盖塞是罗马教廷审判体系的首要管理者，卡拉瓦乔希望借这幅画获得宽恕，被允许重返他曾灰溜溜地逃离的城市[23]。

卡拉瓦乔拥有不可否认的天赋，无尽的想象力和敏感性，任何人都会为之着迷，愿意再给他一次机会。如果他的目的是表达深切的内疚和悔悟的话，他做得很成功。他当然知道如何用画作的情感力量来获取观看者的同情。

我们还需要注意画家生活的历史背景。在卡拉瓦乔生活的那个时期的罗马，杀人并不罕见。当时盛行的习俗和这座城市的道德败坏，使得打架甚至杀人事件经常发生。罗马就像一个生活中的竞技场，粗暴、吵闹，而且危险。但这并不意味着在17世纪之交，杀人是受到鼓励的行为，或者杀了人可以不受惩罚。不过当时杀人事件确实时有发生。卡拉瓦乔绘画所表现的精准的解剖结构和暴力的直观性、现实性，反映了他从街头暴力行为中获得的第一手知识。

内疚、羞愧等情绪之所以具有道德性，同样依赖于特定社会背景的价值观。作为一种道德情绪，内疚受到行为准则和文化规范的影响。在某种文化中被认为不恰当的言语或行为，在另一种文化中则不会引起内疚。比如在英国，同性恋在1967年之前一直属于违法行为；在大多数宗教中，同性恋依然是不可接受的罪行；有些国家，比如乌干达和阿拉伯联合酋长国，至今仍然禁止同性恋。

如今，杀人再也不会被认为是一种可以被接受的习俗或可以被宽恕的行为。然而，在评判杀人的严重性时，法庭会考虑一些证明杀人合理性的因素，比如正当防卫。在一些国家和一些特殊时期，比如在20世纪80年代初之前的意大利，为维护名誉而犯的罪行通常会被从轻处罚。如果在某个社会或社会背景中，一种行为没有被反对，或者没有被认为不合法，那么做出这种行为的人就不会感到内疚。这样能让我们感到内疚的器官就不会消耗能量。道德和规范不断地发展变化，我们做出道德选择和感到内疚的能力也会相应地进行调整。

卡拉瓦乔最终得到了罗马教廷的赦免，但他再也没能回到罗马，因为他在返回罗马的路上神秘死亡了。

如果今天卡拉瓦乔依然活着，他一定会成为一个很有趣的神经学研究对象，我们一方面可以探究内疚的神经根源，另一方面也可以对他各种暴力和桀骜不驯的行为进行彻底的检查。他是否携带着较短的单胺氧化酶A基因？他的前额叶皮层会是怎样的？他孤独的童年和破碎的家庭是否对他的暴力行为有影响？但是现在这些问题的答案已经随风而去，无法追寻了。

然而，卡拉瓦乔无与伦比的艺术才能、非凡的想象力和在画布上表现各种稍纵即逝的情绪的能力让我相信，在杀人之后他一定感到了不安，内疚不可能让他毫无触动。

脑扫描说明了什么

在寻找内疚最真实的表征时，将脑扫描图与卡拉瓦乔的绘画进行比较在你看来可能很新颖，或者很不同寻常。我们再一次看看这两幅图。首先，查看功能性磁共振成像中的那个亮点，然后凝视那幅画，两者都被认为代表了内疚。它们都很有震撼力，只是各自的方式不同。脑扫描图像非常有技术性，如果你不熟悉大脑的解剖结构，便很难看懂它。想象画里的那个亮点在你的大脑里，你会疑惑它到底在哪个位置。卡拉瓦乔绘画的表现力无疑非常强烈、非常阴郁，但除了感受到光线的处理所传递出来的直接力量之外，还需要一些知识来解读他的绘画。不过两者都非常吸引观看者的注意力。

有趣的脑扫描图像很多，尤其是对有内疚感或其他情绪的人进行的脑扫描。大脑活动产生了情绪。观察情绪的外部表现会很有帮助，比如面部表情、皮肤电传导反应或身体动作，同样，查看大脑也能够揭示情绪的基本构成。

功能性磁共振成像最大的好处在于，它可以让研究者在不开颅的情况下观察大脑。以前，为了查看大脑的沟回，研究者必须在颅骨上钻孔或者观察离体的大脑。现在我们可以在大脑执行各种各样任务的时候观察它活跃的情况。功能性磁共振成像可不只是一张快照，它是静态的影片。它的目的是记录大脑在不同时间、不同位置的激活情况。这使得功能性磁共振成像具有了史无前例的优势，但它依然存在不够精细的问题。

如果要详细且全面地解释我们进入大型功能性磁共振扫描仪后发生了什么，便需要探究复杂的工程学和量子力学的细节。但是即使没有物理学学位，我们依然有可能理解这种技术的本质特点，认识到它的威力和局限[24]。

首先，认为从灰色背景中突显出来的彩色亮点是大脑活动的直接迹象并不完全正确。无论定位多么精准，这个亮点主要表示那个区域有很多血流携带的氧气，我们可以推断这些氧气是神经元发挥功能所需要的，就好像食物在被胃部消化时，更多的血液会流向胃部一样。

基本上，如果完成某项心理任务需要用到大脑的某个部分，比如记忆 7 位数的数字会让前额叶皮层很忙碌，那么这个部分就需要能量来执行这项任务。能量来自哪里？就像肌肉一样，为了完成工作，神经元需要糖分，比如葡萄糖，葡萄糖会在氧气参与的作用下被分解[25]。通过血液中的血红蛋白，氧气被运送到那个脑区。

事实上，功能性磁共振扫描探测到的是被带来的氧气数量与任务所消耗的氧气数量的比值，它是通过该脑区中血红蛋白分子上的氧来表示的。与氧结合的血红蛋白和没有与氧结合的血红蛋白具有不同的磁性，它们原子中的质子在磁场中会有不同的反应，扫描仪中的巨大磁铁能够发现这种差异。20 世纪 30 年代，伟大的科学家莱纳斯·鲍林（Linus Pauling）发现了血红蛋白的这种磁性能[26]。用实验室的语言来说，这种差异被称为血氧水平依赖对比（BOLD）。因此，脑扫描仪发现的是血液在亚原子水平上的细微差异。

你可能已经预想到了，整个大脑都需要葡萄糖和氧气，包括没有参与特定任务的脑区。大脑在从事着大量的背景活动，而我们没有意识到它们。功能性磁共振成像的作用有两个。其一，确定相对于安静状态下的氧气水平，从事某项任务时氧气水平升高的区域。安静状态下的氧气水平被称为基线状态或默认状态，此时被监控的大脑处于休息之中。其二，测量从事两项不同任务时的氧气变化。从本质上来讲，功能性磁共振成像是在寻找和发现改变，也就是与任务相关的额外活动。例如，在寻找有意识的内疚存在于大脑什么区域的实验中，我们探测到的信号显示，回想起内疚时的大脑活动相对于基线状态发生了改变，还探测到回忆内疚时与回忆羞愧或悲伤时的大脑活动是不同的。

眼见是否真的为实

神经科学对普通大众非常有吸引力。一项研究发现，对于同样一个神经科学结果，如果用脑扫描图像来表示，会比使用传统的条形图或根本不用图形让非专家们觉得更信服[27]。

这就是眼见为实。或许脑扫描更有说服力，因为它们提供了具象的解释。在普通大众的眼里，它们增加了研究者所呈现结论的可信性。从重要性和文化共鸣的角度来看，脑扫描图已经成为像X射线和DNA双螺旋一样的标志。我们可以在关于大脑的书籍封面上、电视广告中以及企业管理课程的宣传资料上看到这些图像[28]。

根据苏珊·菲茨帕特里克（Susan Fitzpatrick）的报道，在2005年美国科学促进会（American Association for the Advancement of Science）的一次会议上，由詹姆斯·麦克唐奈基金会（James S. McDonnell Foundation）组织的小组会议有一个挑衅性的标题：“功能性脑成像与认知狗仔队，对大脑快照的断章取义”[29]。

把脑成像科学家的工作和具有侵犯性的狗仔队的工作进行类比乍听起来耸人听闻，甚至是大错特错，但确实有它的道理。狗仔队的做法是偷偷地把名人的私生活拍下来，然后发表在小报的头版上。原始的照片会被“重新包装”，从最初比较宽泛的背景中提取出来，再配上具有刺激性和误导性的标题，这样，偶尔不悦的脸色、独自在公园里散步的情景或不同寻常的体重减轻的状况，都会被作为抑郁症、即将离婚或饮食障碍的迹象来兜售。通过强磁场扫描仪，认知科学家同样可以捕捉到我们心理生活的私密瞬间。他们当然不想制造流言蜚语，也不想在数据上弄虚作假，扫描图像只是心理生活的摘录。当功能性磁共振扫描图像成为报纸上的头条新闻时，它们同样会被断章取义，脱离了产生这些图像的实验室背景。

我在前文中提到过，功能性磁共振成像记录的只是大脑在某个时间和位置上的激活情况。在探讨这些图像的衡量标准时需要考虑到这一点。

时间是一个很关键的问题。大脑中血流的速度是以秒来计算的，而神经活动很微妙，它的速度比血流的速度快几百倍。因此神经活动和血流之间的对应性上始终存在时间不一致。

每张功能性磁共振扫描图像都是彩色的，由计算机根据大脑各个区域信号强度的比较结果而生成。构成扫描图像的每个小点被称为体素，它有点像组成电子照片的像素，不同的是体素是三维的体积单位，不是平面空间的二维单位。你看到的体素是大脑中颜色深浅不同的小点，但它背后隐藏着非常复杂的神经组织和神经化学反应。每个体素对应着大脑中大约55立方毫米的地方。这相当于大约500万个神经元，其中包含220亿～550亿个突触。突触是神经元之间的连接点。如果把神经元的分支展开，那么其长度差不多相当于从伦敦到曼彻斯特[30]。

科学家会对扫描图像中由神经元构成的大片区域进行复杂的统计和数字操作。每个体素都会与其他体素进行比较，从中寻找有意义的信息。体素颜色的深浅反映了科学家所测量的特定差异在统计上的显著性，颜色越深说明血红蛋白中氧成分的变化越明显。2012年，一项相当奇怪的研究举出了一些对功能性磁共振扫描图像进行这种统计对比时存在的风险。因为这项研究的独创性，也因为它不太可能成真，它甚至获得了神经科学的“搞笑诺贝尔奖”（IgNobel Prize），这个奖与真正的诺贝尔奖相对应，奖励那些“一开始让人发笑，之后引人深思”的发现[31]。

这项研究很搞笑，因为它有一个独特之处：它唯一的被试是条死鲑鱼[32]。研究者把它放在功能性磁共振扫描仪里，给它看一些身处各种会引发情绪的场景中的人的图片。然后研究者问鲑鱼每个人分别感受到了哪种情绪。我承认我真想亲临这个实验的现场。可以预想到，研究者并没有得到鲑鱼的任何回答，但他们发现鲑鱼的大脑和脊髓中有神经“活动”。这怎么可能呢？实验设计者说，在对功能性磁共振成像数据进行分析时，每个体素都会和其他体素进行成千上万次比较，难免会出现错误的阳性结果。死鲑鱼绝对不可能表现出情绪，但你可能会看到预料之外的结果。

统计学中的一些方法有助于“纠正”这样的错误。事实上，当采用了这些校正方法时，死鲑鱼大脑中的亮点就消失了。死鲑鱼实验的研究者称，虽然大多数功能性磁共振成像分析软件包中包括这样的方法，但不是每个研究团队都会应用它们，因为纠正假阳性会降低分析的统计效力。例如，在2008年的《认知神经科学杂志》（*Journal of Cognitive Neuroscience*）上，只有61.8%的论文使用了校正方法，这本杂志是众多发表功能性磁共振成像研究结果的期刊之一。因此鲑鱼实验尽管荒谬，但它强调了在收集脑成像数据中经常出现的疏忽大意[33]。

让我们再回到卡拉瓦乔阴沉的画作。尽管这幅画本身给人阴险且不祥的感觉，但通过了解画家混乱动荡的经历以及曾经犯下的杀人罪行，你可以从中看出内疚。你可能真的需要这些背景信息，因为正如达尔文指出的，内疚是最不容易通过面部表情被解读出来的情绪。达尔文认为我们可以用眼睛分辨出像内疚这样的复杂情绪，但当我们这样做的时候，“之前对人和情境的了解对我们的引导作用通常比我们认为的要大得多”[34]。这位伟大的博物学家再一次一语中的。在查看大脑扫描图时，除非你知道自己应该看到什么，并且熟悉研究的性质，否则亮点的强度和位置是没有意义的。

内疚有很多细微差异，我们可以在很多不同的情境和行为条件下对它进行测量。问题是，所有这些不同类型的内疚是否由类似的过程在大脑相同的位置被加工。这就是为什么比较几幅来自不同研究的脑扫描图，你会发现结果不相同，有时差异很细微，有时却比较明显。这使我形成了对使用功能性磁共振成像来测量情绪的一般性看法。

当你在扫描仪里被测量情绪时，研究者通常会要求你完成一项任务，比如观看图像、回忆往事，或者像之前我们在道德研究中看到的，让你选择是否救那个孩子。无论研究者把任务设计得多么真实，它们都只是实验对情境的复制，现实生活中的情况会更复杂，也会更直接，更紧迫。你在扫描仪里完成的任务是真实生活片段的替代品，两者之间依然存在着差异，到目前为止我们并不知道真实情绪中的大脑活动是怎样的。

此外，脑扫描中的亮点实际上代表了这项研究中几十名被试测量结果的平均值。你最后看到的图像不是一个大脑中的氧气流，而是这项研究中所有被试的氧气流被平均后得出的具有统计显著性的结果。但是内疚是在个人层面上发挥作用的。它是一种独一无二的私密情绪，很难想象某人的内疚会被其他人的内疚所稀释。每个人的内疚感都有着不一样的强度。有些人虽然不是精神病患者，但也比较不容易感到内疚。

最后，在描述我们从功能性磁共振扫描图上能看到什么时，我还喜欢用另外一个说法。我觉得这就像在“伦敦眼”的顶部，不用望远镜，360° 观看夜晚被灯光照亮的伦敦地平线。我们可以欣赏威斯敏斯特教堂的轮廓，也可以隐隐约约地看到马里波恩路在哪里结束，贝斯沃特街从哪里开始，特拉法加广场在什么地方穿过了泰晤士河，并且注意到被照亮的区域和没被照亮的区域之间或强或弱的对比。我们的目光或许会沿着托特纳姆法院路的分界线和川流不息的车流看过去，落在摄政公园那个黑洞上。我们能够看到在不同时间里，伦敦不同地区的灯光摇曳闪烁，有时亮起，有时熄灭。我们可以判断什么时候最热闹，什么时候比较安静。如果我们留心观察，并且对街道地图比较熟悉的话，就可以确定发光的位置，知道灯光是来自麦达维尔和贝尔塞斯公园之间的某个阁楼，还是来自南肯辛顿或骑士桥。

然而，我们看不到那些建筑里究竟发生了什么，看不到那些把灯打开、赋予城市色彩和动感的人过着什么样的生活，有着什么样的动机。我们不知道那光亮来自台灯、枝形吊灯还是蜡烛，也不知道它是在卧室、厨房还是客厅里。我们同样不知道谁打开了灯，为什么打开。它可能是为了给亲密的晚餐、派对或严肃的家庭谈话提供照明，也可能是因为孩子怕黑，或者只是因为某人忘了关灯。因此从伦敦眼的顶部观看整个城市和通过功能性磁共振成像来扫描大脑很相似：景色很壮观，但是并不能说明问题。目前通过功能性磁共振成像获得的观察还是粗糙和概略的。假以时日，这项技术一定会得到改进，能够提供更精细、更准确的信息，充分发挥它的潜力。

总之，诸如“当你感到恐惧时，这部分脑区会被激活”这样的表述其实是通俗的说法，而且被过度使用了，目的在于简化复杂的磁共振结果。至少对我来说，观察一幅功能性磁共振扫描图根本无从判断内疚感，也无法确定内疚感发生的具体位置，更不用说找到缓解内疚感的方法了。

道德脑

在本章开头部分，我讲述了内疚如何乔装打扮，出现在我的梦里，以及弗洛伊德做的对于患者伊尔玛充满内疚的梦如何启发他建立了解析梦境的理论。

精神分析的拥护者们长期以来尝试着用现代神经科学的研究来证实弗洛伊德的观点。他们指出，现代的脑损伤研究和可视化技术正在描绘一幅大脑地图，它与弗洛伊德关于心智的结构化理论基本上是一致的[35]。我们有可能找到这位维也纳医生提出的本我、自我和超我所对应的神经解剖结构。通过比较弗洛伊德的图表和如今有关不同脑区功能的数据，精神分析师粗略地画出了以下简图（见图 2-3）。

就像人们之前认为的一样，大脑内部的大部分区域构成了本我，比如脑干和边缘系统；自我位于前额叶皮层最靠背部的部分，处于躯体感觉皮层中，这个脑区为我们提供自我感知，使我们能够感知外部世界；大脑的腹内侧额叶皮层与内疚成像研究中确定的脑区存在重叠，它对应着弗洛伊德的超我概念，是道德器官，限制并阻止着我们最本能的内驱力。在这个框架中，内疚作为预防和阻止不恰当行为的道德哨兵，位于与眶额皮层相重叠的脑区中并不让人吃惊。

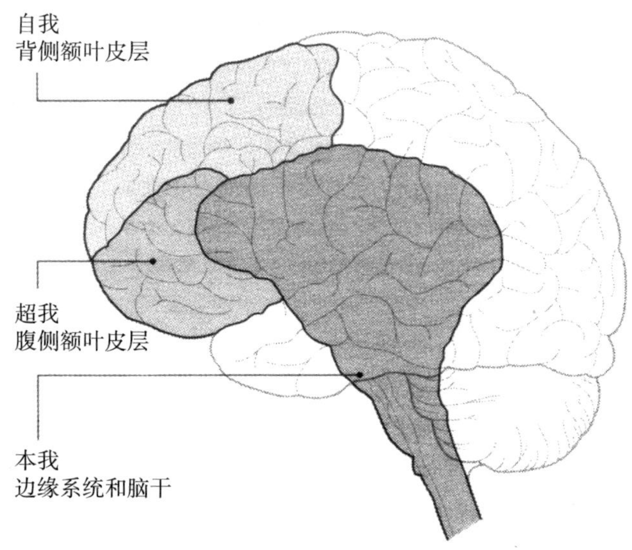

图 2-3　弗洛伊德关于心智结构的脑图

资料来源：Diagram adapted from Solms, 2004

在过去大约 10 年里，尝试探究道德或道德情感神经基础的脑成像研究数量惊人。从懊悔到内疚再到羞愧，研究者用脑扫描仪对各种道德情感和概念进行了细致的考察，甚至还研究了社会比较情绪，比如嫉妒和幸灾乐祸，前者指的是对别人的好运感到不高兴，后者指的是当我们嫉妒的人倒霉时，我们感到宽慰或开心[36]。

几位道德心理学家曾提出，所有人类共用一种基本的、普遍的道德感，类似哲学家伊曼努尔·康德所说的“天赋道德”，而且大脑可能是“道德器官”

的所在地，它根据无意识的直觉帮助我们在正确和错误之间做出选择[37]。这样就引发了一个问题：道德是天生存在于我们的生物构造中，还是遵循某种规则或规范的行为模式导致的直接结果？大脑中是否有价值观的起源？对内疚这种复杂的情绪和对道德这样多面性的概念的脑成像研究无疑令人兴奋，但在很多情况下，这些研究只是探索性的。内疚感来自眶额皮层或与腹内侧前额叶皮层相重叠到底意味着什么？懊悔和内疚是因为功能性磁共振成像的数据存在重叠，所以彼此类似吗？

成像研究的作用是通过试错来确定哪些脑区可能与内疚有关。

这就产生了另外一个问题。大脑通过独立模块的运作来发挥作用，每个模块执行或调整特定的功能。这个观点似乎无法反驳，但与我们所知的大脑真正的工作方式并不一致。最初，我们发现大脑特定区域和功能之间存在着联系，例如存在专门负责语言的脑区，从那一刻起，我们就可以设想到会有越来越多专门化的脑区被发现。但是尽管大脑表现出相当程度的专门化，但大脑的工作仍然依赖于整合互相连接的通路和它们相互作用的性质。情绪也不例外。一个脑区可能在多种情绪中发挥着作用，与每种情绪相关的神经活动可能涉及多个脑区。目前研究正在转向发现情绪的网络，它们由同时工作的多个脑区构成。比如一个脑区专门负责一种情绪或者在这种情绪上发挥着较强的作用，但它同时在其他情绪上也发挥着不太重要的作用[38]。

经过一段时间的研究后，脑成像的范围和定义将会得到改善。我们将重新定义并改进观察、测量内疚的方法。现在我们应该理所当然地认为，内疚或其他任何情绪在大脑中具体的位置都只是一种估计，估计的准确性依赖于目前技术的尖端性，依赖于科学家的知识、技能和解释性判断[39]。

尾声

赫克托·阿瓦德（Hector Abad）在《伤心女人食谱》（*Recipes for Sad Women*）中无可奈何地说，如今是不可能再找到恐龙肉了[40]。他之所以这么说，是因为在他的食谱中，恐龙肉和猛犸象的奶是缓解强烈内疚感唯一有效的方法。我们很容易看出这一类比的讽刺意味。获得史前动物肉的可能性微乎其微，因此缓解内疚的可能性同样也非常渺茫。

但是阿瓦德也提供了一种替代方法。他所说的另一种治疗内疚的方法是腔棘鱼的肉，这是一种非常罕见的鱼，人们以为恐龙时代之后，它就灭绝了。1946 年阿瓦德在印度洋中钓鱼时见到了一条。经过一番研究，他发现腔棘鱼属于矛尾鱼属。8 年前，来自南非东伦敦市的马乔丽·拉蒂默（Marjorie Latimer）女士首次发现了这种鱼。阿瓦德说，经过腌制的腔棘鱼肉确实有缓解内疚的神奇疗效，它的作用大约能持续 38 个月。哪怕只是吃一口也会很有效。

除了这些不可能的食谱，我们还有缓解内疚的其他方法。在法律体系中，犯罪者会发现惩罚和改造能够把他们从内疚中救赎出来，尽管这并不适用于精神病患者。宽恕可能依然是内疚最好的解药，包括我们从别人那里得到的宽恕，以及我们能够给予自己的宽恕。卡拉瓦乔画出了他对宽恕的请求。

在参观完美术馆，理解了卡拉瓦乔的生活和绘画的意义之后，我匆匆回到自己的房间。在告诉埃斯拉我不能应邀参会并进行演讲时，我表达了诚挚的歉意，但总觉得还有未尽事宜，于是我决定再给她写一封信。我认为这是我补偿自己的疏忽行为，让自己获得某种形式的宽恕的最好方法，也是唯一的方法。奥斯卡·王尔德（Oscar

Wilde）在《道林·格雷的画像》（*The Picture of Dorian Gray*）中让主人公给他的恋人写信，请求恋人宽恕他，因为他在恋人把朱丽叶演砸之后抛弃了她。王尔德写道："自我谴责是一种奢侈，当我们谴责自己时，会觉得别人就没有权利谴责我们了。"[41]

我全神贯注地写了那封信。我并不是想逃避道德评判或掩饰自己的内疚，也不期望内疚感会完全消失。我只是在寻求理解。我不想把内疚藏在心里，而是觉得应该把它付诸笔端。我再次表示歉意，尽可能清楚地向埃斯拉解释原因。信寄出去之后我确实感觉好多了。

在我一页一页地写完信之后，我出门吃晚餐。那是旅行的最后一晚。虽然没有腔棘鱼，但我还有美酒。深夜我上床睡觉，祈祷自己不要再做噩梦。我已经准备好返回伦敦了。

H O W W E F E E L

3°C

焦虑 ≡ 对未知的恐惧

焦虑是灾祸到期之前，人们为它支付的利息。

——威廉·拉尔夫·英奇（William Ralph Inge）

焦虑是创造力的女仆。

——T. S. 艾略特（T. S. Eliot）

H O W W E F E E L

在我打瞌睡的时候，电话铃响了。为了获得几毫克宝贵的提纯蛋白质，我在实验室里花了一整天时间弄碎了几十只老鼠的大脑，现在我刚刚要睡觉。铃声响了四次后，我疲惫不堪地接了电话。电话那头是大学时的一位老友罗伯特。

“你听说了吗？”他问。

“听说什么？”

“世界经济每况愈下。”

“你打电话就是要告诉我这个？”我打着哈欠说。

“这次真的很糟糕，相信我。”

那是12月一个又黑又冷的夜晚。全球股市都在下跌，就业机会持续减少。那是经济最糟糕的日子之一，而我则是在与世隔绝的生物化学实验室中度过了这一天。

这时我彻底清醒了，一跃而起，来到办公桌边，用笔记本电脑查看新闻。

“你是不是不明白？”我能听出他声音里的紧张。

“你很担心？”

“担心？我吓死了，甚至睡不着觉。”

我扫了一眼新闻的标题，可以看出情况很糟糕。我知道罗伯特刚刚开始在本市一家很大的投资银行工作，这种金融巨无霸在一年前好像还可以对任何经济衰退免疫。他现在的情况虽然还好，但听起来好像再过几周就要在地铁站里乞讨了。

“我可以靠街头卖艺赚钱，”他说，“或者干脆改行做摇滚明星。”

“罗伯特，我真的很累。”这是我唯一能说的。

“别这样，你在神经科学实验室工作，难道你不知道在这种情况下该怎么做吗？”罗伯特坚持道。

“拯救金融危机？可你才是银行家。”

“不，你可以帮助我应对焦虑。”罗伯特回答道。

我保证第二天去看他，然后就结束了通话，关上灯，重新上床睡觉，却睡意全无。说来也怪，模糊的数字和金融危机的指标不断出现在我的头脑中，就好像想起来还有未完成的数学作业或解不开的方程式。我瞪着眼睛睡不着。尽管我有很好的工作，存款不会像一阵烟一样蒸发，但我发现自己还是很担心当下的经济衰退。就这样，担心的思想开始随意漫游，逐渐变成了令人烦恼的担忧。一个担忧产生另一个担忧，仅仅几分钟的工夫，我发现自己已经开始担心几乎所有的事情了。我听到自己的心跳在加速，头和胸口感到沉重，嗓子发紧，一下子各种想法和问题开始乱七八糟地出现在我的头脑中。

——我有没有关好离心机？

——我早晨总是感到很头疼，这是不是一种罕见的慢性病造成的？

——前门锁好了吗？

——我不应该看 Facebook 上那篇帖子。

——如果大学不提供研究经费了怎么办？

——我绝不可能按时完成实验，按时写出下一篇论文，这样一来竞争对手一定会抢先发表实验结果。

——今天早晨邻居没有和我打招呼，是因为上周末我家的派对太吵闹了吗？

——我左臂上新出现的红斑是癌症的预兆吗？

——我必须去买圣诞节礼物，但恐怕我不能按时完成这件事。

——下周锅炉肯定会再次出故障。

——我可能永远也买不起属于自己的房子。

——我这辈子都拿不到退休金了。

——如果明天我骑车出事了怎么办？

——以后是不是会发生新的恐怖袭击？

这个清单很容易继续拉下去。身边的每件事看起来都会升级为大灾难。

如果仔细探究，有些担忧听起来荒谬可笑或者不值一提。但是，当我独自在黑暗中躺着的时候，我变得很难控制它们。

最后，我的担忧开始发生改变，放大成了混乱的旋涡，我感到失去了方向，开始思考我的整个人生。我刚过30岁，单身，努力工作，即将迎来职业上的飞跃。我开始忧虑我所做的一切的意义，我是否没有做出正确的人生抉择。在这样的时刻，我觉得自己应该马上把所有事都做完，就好像世界末日就要到来，我只剩几个小时来做所有我想做的事情了。那感觉就好像有人关掉了我日常生活的声道，一阵顽固的大风把我从自己生活的传送带上刮跑，连根拔起希望的支柱，只留下空荡荡的舞台，而我站在舞台的中央，聚光灯照着我。

这阵风就是焦虑，它刮得猛烈而决绝。

我再次打开灯，吃惊地发现依然是半夜。我决定给罗伯特打电话。

“你还没睡吗？”我问。

“嗯。”

“好吧，半个小时后咱们见面喝一杯。”

就这样，一个冬日的凌晨，一位科学家和一位银行家在一家通宵营业的酒吧里借酒浇愁（见图 3-1）。

图 3-1　爱德华·霍普（Edward Hopper），《夜鹰》（*Nighthawks*）

资料来源：© CORBIS

这情景让我想起了威斯坦·休·奥登（W. H. Auden）的诗《焦虑时代》（*The Age of Anxiety*）。在诗中，四个人物讨论他们的生活，在纽约第三大道的一间酒吧分享他们对人类境况的希望和忧虑。

诗的开篇写道："当历史的进程中断……当必要与恐惧相联系，自由与厌倦相联系，那么酒吧的生意就会变好。"[1]是啊，如果时运艰难，而你又想努力保持平静的话，一杯酒确实会有帮助。诗中的四个人物分别是：小职员匡特、加拿大空军医务官员马林、百货商店采购员罗塞塔以及刚刚入伍海军的年轻人安博。这首诗充满了不确定的氛围。四个主人公感到迷失，看不到清晰的方向。奥登在 1944 年 7 月开始写这首诗，战争是他写作的背景，战争使人们怀疑未来，非常渴望和平。他写道，每个人都"陷入焦虑之中，要么担心名声不好，要么担心流离失所"[2]。奥登当时 37 岁，认为自己"依然太年轻，还没有确定的方向感”[3]。

70 多年之后，我们依然生活在一个焦虑的时代吗？

当然，那天晚上不止罗伯特和我感到很焦虑。我们的焦虑与全球成千上百万人的焦虑形成共鸣。全球经济衰退的危险被证明是真实存在的。经济衰退持续了 5 年，我们还没有从中完全恢复。我们每周都会听到有关经济的坏消息，都在期待着似乎无望的解决方法。欧元几次濒临崩溃，使希腊、意大利、西班牙这样的债务国差点脱离这个货币单位。我们的财产和国家经济的未来掌握在几个重要人物手里，我们只能信任他们。当前经济整体的严酷形势影响着全球人口的幸福和安宁。在过去几年里，每天关于失业、破产、波动的指数和货币的新闻到处传播，其他金融灾难导致全球出现焦虑症状的人数不断增加，这些症状包括睡眠问题、紧张和头疼。

2010 年，一份报告显示有 52% 因为经济衰退而失去工作的人表现出焦虑的症状，71% 的人称自己感到抑郁[4]。其中受影响最大的群体是 18 ~ 30 岁的人群。在英国，国家医疗服务体系估计每 20 个成年人中就有一个受到焦虑的折磨[5]。在美国，每年大约有 18% 的人口患上焦虑症[6]。2009 年英国政府增加了包括心理治疗中心和求助热线在内的心理服务网络中治疗师和咨询师的人数，为数百万面临失业和债务压力的人提供心理帮助[7]。焦虑同样是社会经济的负担。目前欧洲每年在应对焦虑症上的投入高达 774 亿欧元，这么巨大的数字本身就足以引发焦虑，这也促使很多人认为应当立即采取行动，解决危机，应对这个巨大的公共健康挑战[8]。

除了经济衰退，我们所生活的世界从来不缺乏担忧的理由。这些理由有个人的，也有全球性的，有近在眼前的，也有远在天边的。

一方面，我们要面对日常生活的压力，在工作上不掉链子，承受方方面面的激烈竞争压力，努力取得成功，在职业的阶梯上不断向上爬。我们要管理好自己的财务，每个月量入为出，提前为未来存钱，为未来做打算。我们还需要对家庭负责，供养孩子，建立和维护社会关系。

另一方面，全球形势完全不能让人放心。“9·11”事件和随后的基地恐怖袭击，以及过去十余年来，在两次重大冲突中被调动起来的几个西方国家的军事力量，使得世界对国际恐怖主义的态度发生了很大改变。关于在中东制造和使用核武器，一些国家间存在着微妙的政治与意识形态争端，这最终可能会引发第三次世界大战。我们持续生活在这种威胁中。我们还必须学会忍受无情的流行病，比如艾滋病，以及传播迅速、意想不到的新传染病，比如禽流感和猪瘟，它们威胁着全球人口的健康。

好像这一切还不够，我们还被告知全球气候改变将给地球带来不可逆的变化，会引发重大自然灾害。2012 年 11 月侵袭美国东海岸的飓风“桑迪”可能就是一个明证。

毋庸置疑，每个历史时期都有各自不同但同样令人担忧的严峻威胁。从生物学上看，我们用于抵消这类威胁和焦虑感的机制与我们祖先的并没有什么不同。但是关于风险、威胁和真实灾难的新闻正在以前所未有的频率和速度轰炸着我们的心灵。收音机或报纸上令人担忧的事件足以让我们无从招架。

当罗伯特和我坐在酒吧里边喝边聊时，我意识到我很少尝试把自己实验室工作中取得的成果用于解决现实生活中的紧要问题。每当我告诉新认识的人，我在实验室研究恐惧和焦虑时，对方都会志愿做我的实验被试，声称自己是研究这些糟糕情绪的最佳样本。然而我实验的意义常常很抽象，只局限于实验室。脑区、基因、神经递质和行为测量听起来距离混乱而充满焦虑的内心独白非常遥远。因此，是时候了解我从实验室里获得的知识在这类情况下能否派上用场了。

恐惧还是焦虑

如果想防御敌人或打败他们，你需要非常了解他们。第一步应该区分恐惧和焦虑。

恐惧是最基本的情绪之一，也是到目前为止被研究得最多的情绪。它通常的定义是对即将来临的威胁或危险做出的反应。当我们感到恐惧时，通常会针对某种具体的东西，比如面对狮子、蛇或乘坐飞机。从演化角度讲，恐惧是一种具有保护作用的特性，对生存至关重要。它使我们的感觉变得敏锐，让我们的身体为应对突然出现的危险做好准备。如果感觉不到恐惧，我们就不会躲避有可能威胁到生命的危险情况，就很容易丧命[9]。在看到鲨鱼时，恐惧会使我们快速游向岸边。一旦鲨鱼不再是威胁，恐惧就会消失。

在这个方面，达尔文的观点对我们同样很有帮助。在他的书中有关恐惧的部分，达尔文写道："恐惧之前通常是震惊，震惊非常类似于恐惧，两者都会导致视觉和听觉立即被唤起……受到惊吓的人起初会像雕像一样站在那里一动不动，屏住呼吸，或者蹲下来，本能地躲避被人看到……""心脏狂跳，敲击着肋骨……肤色立即变得苍白，就好像马上要昏厥的样子……汗当时就渗了出来……"[10]此外，瞳孔放大，内脏搅动，呼吸变得急促，有时甚至会汗毛倒竖。达尔文还补充了"惊骇"，他认为惊骇是高程度的恐惧，"发音器官和身体都会颤抖"[11]。

这一整套恐惧反应发生在毫秒之间，而且是无意识的。随着这些反应的发生，我们逐渐意识到它们，但实际上不需要我们的意识，它们一样会发生。美国心理学家威廉·詹姆斯（William James）在 1884 年发表的开创性文章《什么是情绪》中清楚地阐明了这一点。在这篇文章中，詹姆斯提出了他关于我们如何表达情绪的观点，这个观点非常有影响力。

在那个时候，流行的情绪理论把情绪描述为某种心理意识状态，是我们对环境中的事实或改变的反应。反过来,这种心理感知会触发一系列身体反应。将这种理论应用在恐惧上就是：在树林中看到熊首先会让我们感到害怕，接下来恐惧的状态让我们开始发抖。詹姆斯认为这种事件的顺序是错误的，真正的情况正相反。他说我们是因为发抖而感到害怕，而不是因为害怕而发抖。情绪首先是身体反应，然后我们才有了感受，或者说意识到了情绪的存在。

詹姆斯非常相信这种产生情绪的顺序，他继续写道，如果消除了情绪在身体上的征兆，情绪便会什么都不剩，只留下冷淡、中立的“理性感知状态”。

“如果既感受不到心跳加速、呼吸急促、嘴唇颤抖、四肢无力，也没有起鸡皮疙瘩、内脏搅动，那么恐惧还剩下什么？这是不可想象的。”[12]

现在让我们回到恐惧和焦虑的差别上来。恐惧有一个具体的对象，那么焦虑呢？焦虑没有那么简单。焦虑通常是指对不确定事物的恐惧，我们无法解释那是什么事物，甚至也无法确定它们在时间和空间中的位置。它们是不可预测的，通常是对未知事物或不一定存在的威胁的预感。就像罗伯特打电话给我的那个晚上，我们对可能永远也不会发生的消极事件或灾难性事件感到紧张不安和神经过敏。换言之，焦虑是找不到原因的恐惧[13]。

焦虑的谱系

引发焦虑的原因模糊且难懂，它们很擅长隐藏自己，但是很值得把它们找出来。西格蒙德·弗洛伊德在这方面投入了大量的时间。他相信，焦虑是各种重要心理问题的汇聚点，这个谜题的答案一定会使我们的心理得到很多解释[14]。

19世纪末20世纪初，一种疾病开始在现代城市中蔓延，尤其是在上流阶层和专业人士中。这种病的症状主要包括胃部不适、头疼、神经痛和疲劳。它传播迅速，很像流感，伴随着迅速的城市化和工业世界造成的越来越狂乱而忙碌的生活方式。美国医生乔治·比尔德（George Beard）将这种病称为"神经衰弱症"，指的是神经系统过度兴奋或"枯竭"，并认为它在美国人中特别普遍，因为美国社会比欧洲社会更容易造成神经系统的过度兴奋[15]。事实上，这种病有一个流行的同义词"americanitis"，意为过度神经紧张，以美国人作为词头[16]。

弗洛伊德也赞同他在病人身上观察到的这种折磨人的心神不安与城市生活的压力有关，但他认为引发疾病的一定不只是外部因素。他将这种病命名为焦虑性神经官能症，怀疑是个人的体质、欲望、志向与现代文明对他们的要求之间的对立造成了这种疾病。

为了找到神经症的内在原因，弗洛伊德在维也纳的小诊所里接待了大量患者，倾听他们躺在沙发上的诉说。弗洛伊德这样做是受到同为维也纳内科医生的朋友约瑟夫·布罗伊尔（Josef Breuer）的启发，布罗伊尔会对患者进行催眠，让他们在催眠状态下谈论自己。

在研究了大量病例之后，弗洛伊德提出神经症是未解决的冲突的表现，这些冲突主要来源于童年，通常与创伤性的经历有关，往往以性为本质。一般来说，某种试图释放和宣泄的精神能量如果总被压抑，人就会患上神经官能症。因此，弗洛伊德不断倾听患者的诉说，帮助他们发现这些记忆，从而让造成他们痛苦的原因浮出水面。这类治疗的显著特征之一是，在最初伤害他们的事件被唤起、与症状相关的不愉快事件或创伤性事件被回忆起来之后，患者的症状基本上就会消失。

这种机制的一个代表性例子，是令弗洛伊德印象深刻、深受启发的安娜，她是布罗伊尔的一个患者[17]。安娜的症状有紧张性咳嗽、视觉障碍和左侧身体麻痹，她还存在一些语言问题。非常奇怪的是，有时候她还会表现出严重的恐水症。她有时好几个星期都无法喝任何液体，像一杯水这样无害的东西都会让她感到恶心和紧张，她没法解释这是为什么。在被催眠期间，她谈到在拜访一个英国女人时，看到她家的一只狗在喝杯子里的水。这让她感到恶心。在回忆起这件事后，她又可以喝水了。

我们来总结一下神经症概念的演变。

在 20 世纪，患心理疾病的人数逐渐增加，医生认为有必要把各种心理疾病列在一本书里。1952 年，美国精神病学会（American Psychiatric Association）出版了《精神障碍诊断与统计手册》（*Diagnostic and Statistical Manual of Mental Disorder, DSM*），目的是帮助精神科医生在定义和识别心理疾病时能达成共识。这本书具有指导手册的作用，列出了各种症状，通过这些症状我们可以识别出形形色色的精神疾病。现在这本书被认为是心理健康工作者必备的参考书，书中包括精神疾病的诊断和治疗，基本目标是统一诊断语言。这样通过参考《精神障碍诊断与统计手册》，生活在不同城市甚至不同国家的两位精神科医生，就可以对表现出类似症状的患者使用相同的诊断参数。

神经症被列入了《精神障碍诊断与统计手册》第一版。在那一版中，神经症是一个宽泛的类别，各种生理和心理错乱的精神痛苦都属于这个类别。在某种意义上来说，神经症患者就是行为偏离了正常标准的人。1968 年出版的第二版手册依然保留了同样宽泛的类别“焦虑性神经官能症”，但在第三版中，这个类别被拆散了。《精神障碍诊断与统计手册》第三版的改变标志着精神病历史上的重要篇章，也为目前的分类系统奠定了基础。从本质上看，新版取消了神经症以及其他具有精神分析意义的术语，将惊恐发作、恐慌症与其他形式的焦虑症区分开，这么做主要是因为它们对不同类型的药物会产生不同的反应[18]。

第四版保持了这种区分，又引入了新的焦虑形式，每种形式都有自己的一套症状[19]。类别包括：特殊恐惧症，也就是害怕特定的事物或情况，而且恐惧的程度与实际的危险不成比例，比如对蜘蛛过分恐惧；社交恐惧症或社交焦虑障碍，即对社交情境的恐惧；广场恐惧症，即对公共空间的恐惧；创伤后应激障碍，即在经历了创伤性事件或可怕的威胁之后出现的焦虑；恐慌症，患者会出乎意料地频繁发作强烈的恐惧，就像惊恐发作；强迫症，特点是侵入性的想法，需要不断实施某种想法或行动，以消除恐惧，例如，因为害怕沾染细菌而强迫性地反复洗手。

另一个类别是广泛性焦虑障碍（GAD）。如果你通读广泛性焦虑障碍的诊断标准，会发现它们适用于你认识的每一个人，包括你自己。《精神障碍诊断与统计手册》写道，广泛性焦虑障碍的诊断条件是拥有以下的感受：在至少 6 个月里很多时候对一些事件或活动（比如工作业绩或学习成绩）感到极度的、难以控制的焦虑和担忧；同时表现出以下症状中的三种以上：焦躁不安或紧张兴奋，容易疲劳，难以集中注意力或脑中一片空白，急躁易怒，肌肉紧张，睡眠障碍（很难入睡、很难保持睡眠状态，或者睡眠质量不令人满意）。担忧通常不是关于具体事物的，但会导致严重的痛苦，损害社交、职业或生活中其他重要的方面。

《精神障碍诊断与统计手册》的目的是方便发现非常需要医疗支持的人存在的障碍。但是以这些标准来看，难道不是很多人都符合吗？从某种意义上说，广泛性焦虑障碍最接近之前提到的神经症，代表了经常侵袭我们的普遍的焦虑。

值得注意的是，广泛性焦虑障碍及《精神障碍诊断与统计手册》上列出的其他类型的焦虑都是精神病学家人为的分类，是医学机构基于临床症状，而不是基于它们的生物性创造出来的疾病。但这种分类是为了方便诊断而形成的整体的抽象概念，它们本身并不能告诉我们单个患者的感受。

我们必须认识到，这些障碍在症状层面和生物层面上都存在着很多重叠。焦虑的各种形式具有共同的神经基础。与之类似，某种焦虑背后的因素同样会在其他形式的焦虑中发挥作用，在下一章中我会更详细地探讨这个问题。

对恐惧的条件反射

焦虑的发作并不总会在出现前先敲门，它常常在最出其不意的时候伏击我们。不过它需要有某些东西来触发，这类触发物常常看起来是无害的。

同样，担忧会引起一连串后果。听说经济衰退或接触到其他触发物后，深层的忧虑可能会复活，它们通常与创伤性事件或我们生活中其他未解决的冲突或问题相关。触发物与随后的恐惧反应相互联系的机制长期以来处于恐惧和焦虑研究的中心地位，它关系到行为条件作用的普遍理论，该理论探究了有机体如何学会为应对环境改变而采取的不同的行为方式。

你可能对俄国科学家伊万·彼得罗维奇·巴甫洛夫所做的“流口水的狗”的实验很熟悉，他也因此获得了1904年的诺贝尔奖。巴甫洛夫用狗来研究消化系统的功能和机制。就像在我们看到多汁的食物时会流口水一样，狗在看到食物时也会流口水。一天，巴甫洛夫注意到当他和同事进入狗所在的实验室时，狗就开始流口水了，尽管他们并没有给狗带来食物。后来他们发现这是狗对实验室白大褂的反应。每次给狗喂食的科学家都穿着白大褂，因此狗已经学会了把食物和白大褂联系起来。后来巴甫洛夫改变了刺激物，每次给狗喂食时都会敲钟。一段时间后，每当狗听见钟声，哪怕没有食物，它们也会流口水。

典型的恐惧条件作用实验是这样的：老鼠被放在笼子里，提供一种触发物，通常是“嗡嗡”声，“嗡嗡”声之后，老鼠的脚会受到轻微的电击。“嗡嗡”声使老鼠逐渐习惯了下一次电击的出现。经过若干次这样的配对之后，“嗡嗡”声具有了引发厌恶的性质。当老鼠听到“嗡嗡”声时，便会产生典型的恐惧反应，包括行为反应和生理反应。当以后再次听到这种声音时，恐惧的老鼠预料会有电击，便吓得一动不动。

老鼠的恐惧反应类似于人类的恐惧反应。我们有时也会僵住不动。例如，想象一下当我们听到老板或老婆言简意赅地说“我们需要谈谈”时你的反应。如果你和我一样，正常的反应会是像笼子里的老鼠那样僵在原地，因为我们确信自己有麻烦了。然后血液循环会加速，心脏会“怦怦”地猛跳，就像前文中描述的那样。我们的注意力会集中起来，变得很警觉。对很多人来说，这是因为上一次听到这话的时候，我们很可能和对方大吵了一架。这6个字的作用就像恐惧条件作用实验中的“嗡嗡”声。尤其是如果类似那句威胁性的话的外部线索让人回忆起创伤性事件，那么它们就会起到条件刺激的作用，触发各种焦虑反应。所有这些都要消耗能量。恐惧和焦虑会让人筋疲力竭。

大脑中的焦虑

尽管恐惧和焦虑在概念上不相同，但它们在大脑解剖结构中位于相同的位置。经过 20 多年的研究，我们已经可以描绘出它们潜在的神经回路，几乎细化到了单个神经元。

焦虑涉及的主要脑区是杏仁核。杏仁核形状类似杏仁，位于大脑的底部，在颞叶中（见图 3-2）。为了更好地了解杏仁核位于什么地方，你可以想象一支箭直穿过你的眼睛，另一支箭穿过你的耳朵：它们的交叉点就是杏仁核的位置。杏仁核处于情绪生活的核心，尤其是恐惧反应的核心。如果没有杏仁核，我们可能无所畏惧。杏仁核功能的损伤会使我们无法感知到情绪。双侧杏仁核受损的患者分辨不出别人脸上的恐惧表情[20]。尽管杏仁核很小，大约只有大拇指的指甲那么大，但它具有复杂的结构，包含不同的部分，每个部分都具有不同的功能。你可以先记住杏仁核有一个被称为中央杏仁核（CeA）的核心，还有比较靠外的部分，被称为基底外侧复合体。

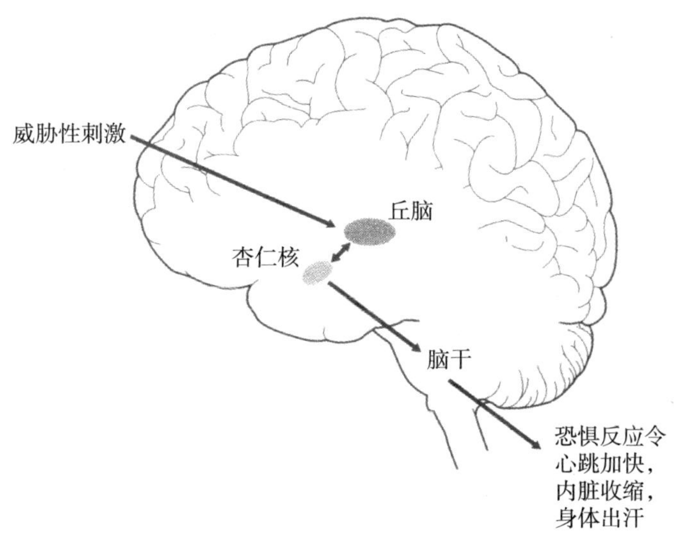

图 3-2　恐惧和焦虑的解剖结构

来自外部的条件刺激，比如恐惧条件作用范式里的“嗡嗡”声，首先会到达丘脑，它是外部世界与我们对外部世界的感知之间的整合中心。刺激从丘脑来到听觉和视觉皮层，在那里被加工。不过信号也可以走一条捷径，直接来到情绪中枢。丘脑与杏仁核之间存在直接的联系，具体来说就是基底外侧复合体。它位于杏仁核中，关于“嗡嗡”声或其他任何情绪触发器的记忆都被储存在这里。危险信号从杏仁核继续传递到脑干，脑干能够激活你的焦虑反应。

揭示像焦虑这种复杂的情绪背后的大脑机制是一件令人着迷的事。我们可以从神经化学层面或不同脑区的神经放电角度来描述焦虑，这是富有灵感、专注投入的实验获得的成果，也是向着开发出对抗焦虑的诊断和治疗工具迈出的一步。

然而，很多动物实验只是分析了焦虑的一般构成，而渗透到人类生活深层的鲜活的焦虑体验依然未得到探索。

老鼠僵住不动的反应与人类被吓瘫了的反应很相似，但那种痛苦和无力感，可怕的无助感，认为未来不确定、无法预测的感觉很难从分子角度去理解，也很难在实验室里复制出来，更不用说理解和复制老鼠的恐惧和焦虑了。归根结底，焦虑是一种心照不宣的意识，意识到出事了、我们的价值观和抱负变得模糊了，或者我们正受到威胁。

科学研究与个人感受之间的对比是情绪研究的核心。科学从外部描绘了情绪的脚手架，它源自普遍的、可测量的、可复制的事实，而我们直接的情绪体验更像是在建筑物里的生活，它位于脚手架的后面，是意识的成果，或者被称为现象学，科学无法对它进行彻底的研究。

焦虑的哲学

虽然知道科学在探究焦虑上的局限性，但为了理解焦虑，我依然在搜寻着与焦虑有关的观点和体验。最后我转向了哲学，尤其是存在主义哲学。这个哲学分支探讨的是作为人类，为了寻找存在的意义，我们如何行动、感知和生活。在存在主义哲学家看来，世界上不存在界定我们的严格的、无条件的理论。存在胜过任何类型的本质。存在主义者不认可普遍规律，比如科学定律的首要性，而认为我们生来会在这个令人迷惘的混乱世界中寻找并选择目标，需要不断发现自己的价值观和人生的意义。

在所有的存在主义思想家中，德国哲学家马丁·海德格尔（Martin Heidegger）对我的影响最大。海德格尔因 1927 年出版了《存在与时间》（*Being and Time*）[21] 而闻名，这部作品被认为是 20 世纪最有影响力的哲学著作。海德格尔将看待世界的方式分为两种，并采用了两个有趣且有创新性的术语：现成状态（Vorhandenheit）和上手状态（Zuhandenheit）。这两种状态的区分点明了海德格尔的思想与理解情绪之间的相关性。

现成状态是对现实的理论性理解，指的是我们如何观察事物并提出相关理论，以及如何通过公正的研究调查来认识有关世界的真相，这正是科学家应该采取的态度。上手状态指的是我们如何参与到世界中，如何通过在各种情境中与人和物体进行互动来与世界发生联系。海德格尔认为后者的力量更大，也就是说对世界的体验比有关世界的科学知识更重要。这就是我们最初了解世界的方式。以此类推，我们也可以说对情绪生活的体验胜过对它的理论认识。海德格尔认为科学无法充分地理解鲜活的焦虑感。

在海德格尔看来，恐惧与焦虑之间的差别很明显。正如他所写的，恐惧和焦虑是经常被混淆的“同类现象”。如果具有威胁的事物是明确、真实的存在物，那么它就是可怕的。相比起来，令人焦虑的事情完全是不明确的。焦虑者不知道自己为什么事情焦虑，因为威胁是莫名其妙的，也说不清来源在哪里[22]。

海德格尔认为焦虑非常重要。就像为了生存，在出现危险时我们需要感到恐惧一样，为了在这个世界上生存，我们也需要焦虑。为什么？每天我们在由事物、人、行为和环境构成的网络中小心地穿行。我们早上起床，送孩子去学校，上班，和同事、朋友交往，去健身房或酒吧，为假期做计划，给家里添置新家具，买新 CD、新款手机，玩 iPad……这些事情占据了我们所有的时间和精力。海德格尔将这种占据称为“陷落”。简单来说就是，我们沉迷于日常事务中，忽视或停止了寻找生命真正的意义。当被卡在这种陷落的惯性中时，我们会脱离自我。我们远离了有意义的生活，因为这样做更容易。我们抑制焦虑，但是“焦虑就在那里，它只是在沉睡”。

当焦虑醒来，我们与世界密切的共生关系就会消失。在焦虑中，上述那些事物、环境和人都会变得没有意义，消失不见。一切都会下沉，直到无影无踪。之前与世界的联系和对它的解释都会受到质疑。为了表达焦虑令人不安的感觉，海德格尔使用了“unheimlich”这个词，它的意思是无家可归[23]。焦虑发作时，我们被迫更多地感知自我，在这样做的时候，我们会重新思考我们过去非常看重并参与其中的一些事情的重要性。我们质疑自己。焦虑剥去了多余的装饰，揭示了世界和我们状况的本真。

焦虑还与未来有关。海德格尔坚持认为我们是存在于时间中的人类。我们不会为已经发生的事情焦虑，也不会为即将发生的事情焦虑，只会为可能发生的事情焦虑。当想到人生中可能抓得住又可能抓不住的无数机会时，焦虑常常会悄然而至。焦虑的根源在于意识到我们有选择想成为谁和想如何生活的自由。对海德格尔来说，选择伴随着巨大的困难，因为从本质上讲它关系到能让我们活得更真实的生活类型。它不只是关于选择什么工作、买哪栋房子或和谁一起生活，它还关系到能够使我们发挥出生命最大潜能的工作、房子和人，我们依赖选择获得幸福。并不存在固定的选择方法，关键在于了解什么对我们最好。我们选择某事物是因为它对我们的意义，而不是因为它符合社会规范或其他人的价值观。

有多少次，我们不得不面对重要的决定，被各种可能性搞得很困惑？有的决定比较简单，只需要从几个选项中进行选择。有的决定风险很大，可能性也不是很清楚。例如，想一想当你成年时，你不得不选择追求的职业。

如果你很幸运，可能有一件从童年起就很热爱的事情，那么你始终可以追随它。但是对有些人来说，选择成为什么人并实现目标是一条曲折的道路。了解你真正的喜好、追随它们，可能是一个充满压力的过程。

事实上，忠实于自己是我们面临的永无止境的挑战。日复一日，我们的觉知程度会不断变化。焦虑总是就在拐角处，我们会不断与之谈判。因此，焦虑是成为真实自我的起点；也是从焦虑开始，我们意识到在人生可能性的汪洋中，我们孤身一人。这很可怕，不是吗？

在阅读海德格尔的著作时，我意识到他对焦虑的描述和我对焦虑的比喻很相似。我把焦虑比喻成一股强劲的风，这股风把一切都刮跑了，把我从生活的传送带上刮下来，把我留在幽暗空旷的舞台上，只剩一盏聚光灯对着我。他的观点是实验无法告诉我的。理念和哲学比实验室和科学更贴近我个人对焦虑的感觉。

另一条道路

海德格尔无疑使我以新的眼光来看待有关恐惧和焦虑的神经科学。结果我开始寻找证明焦虑在生活中的作用，以及为如何管理焦虑提供实用线索的研究。

再回到那些关于老鼠的研究上。我发现了一系列有趣的实验，它们改进了最初的实验，又向前走了一步。在纽约大学神经科学家约瑟夫·勒杜（Joseph LeDoux）和同事所做的实验中，当“嗡嗡”声响起时，研究者为老鼠提供了转移到另一个房间的机会。如果它们选择进入新房间，嗡嗡声会停止，也不会伴随电击。这样重复几次后，老鼠习得了新行为，也就是选择换个房间的益处，这个发现相应地改变了它们的恐惧反应[24]。被储存在杏仁核中的危险信号没有抵达脑干，触发僵住不动的反应。相反，危险信号来到运动回路，促使老鼠采取新的行为。

这一系列实验的不同寻常之处在于，只有当老鼠采取行动时，信息流才会按照新路线传递；如果老鼠保持被动，信息流的传递路线就不会改变。杏仁核显然发出了两种不同的神经输出，一种输出引发对“嗡嗡”声消极的恐惧反应，另一种输出引发了新行为（见图 3-3）。人类和老鼠类似，两种通路都是可用的，但第二种需要经过学习。通过采用另一种通路，消极的恐惧被行动取代，在实践中这被称为主动的应对策略。

2010 年，欧洲分子生物学实验室（European Molecular Biology Laboratory，我曾在那里工作过）科尼利厄斯·格罗斯（Cornelius Gross）实验室的两位同事联合其他合作者，深化了这些发现。通过将遗传技术、功能性磁共振成像及行为测试结合在一起，他们能够确定杏仁核中参与从被动到主动的神经转换的具体神经元[25]。为此他们培育了一只转基因小鼠。在经过改造的小鼠的选定脑区中，某种蛋白质的数量特别多。在这个实验中，选定的脑区是中央杏仁核，因为研究者想进一步了解该区域的作用。我们所讨论的蛋白质是5-羟色胺受体1A。受体位于神经元的外面，是以神经递质为目标的分子。5-羟色胺受体1A很特别，因为它能够抑制传递，这意味着如果分子与它绑定并激活了它的话，神经元的活动性就会受到抑制，焦虑就会降低。

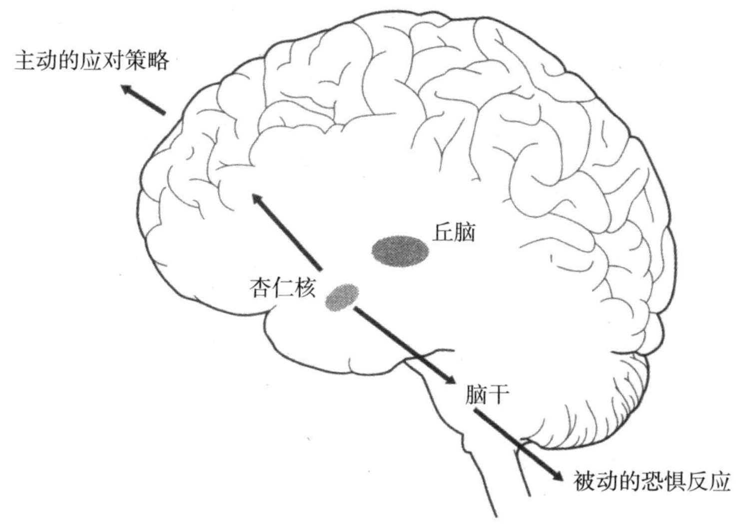

图 3-3　神经通路的倒转使得主动的恐惧反应优先于被动的恐惧反应

我的同事给小鼠服用一种药物，选择性地抑制中央杏仁核的活动性。他们观察到的情况是只有中央杏仁核中特定的神经元子集会对药物有反应。这些神经元被称为Ⅰ型细胞。服用药物的小鼠被放置在磁共振扫描仪中，目的是查看抑制了Ⅰ型细胞中的神经活动之后会发生什么。研究者发现，这类神经元与大脑前部区域，即胆碱能基底前脑的活动性有关。胆碱能基底前脑对大脑皮层的某些部分具有唤起作用。抑制中央杏仁核中Ⅰ型细胞的活动性会使小鼠较少僵住不动，而是促使它们采取更积极的行动，例如开始探索自己所处的空间。

总之，这些实验能够证实中央杏仁核和其中特定细胞的作用，它们能够支配杏仁核的输出是传向脑干还是传向皮层区域，由此决定恐惧反应的性质和强度：传向脑干会引发消极的反应，传向皮层区域会引发积极的反应。

因此如果训练自己采用另一种通路，我们就有可能避开可怕的焦虑体验。那么我们应该怎么做呢？

如果用人类的方式来类比老鼠的行为，那么主动选择转移到另一个房间会被称为有目的的应对行为。我们可以学会不受焦虑的左右：不要担忧或退缩，因为这只会加重焦虑的症状，而是主动回避消极想法，参与令人愉快的活动，采取有建设性的行为[26]。重要的是你要主动远离让你感到忧虑的事情，把注意力集中在积极的事情上，而不是你一定要怎么做。所以你可以听最喜欢的音乐，散散步，也可以给朋友写信或练习冥想。能让我们开心的事不尽相同。这么做绝对不是意味着你在逃避问题，而是可以帮助你达到一种有助于更清醒地面对问题的心理状态。

这种积极的态度听起来应该是一种本能，简单、明确，却常常被我们忽视。有时我会尝试用有关恐惧的大脑回路的知识，将这些神经交岔路口的心理表象转化为坚决的选择：我不会让恐惧走老路，我要改变它的路线。我不能说这种方法比只是让自己平静下来更有效，或者比让自己回想起海德格尔的观点更有效，但它的确有助于实现积极的心态[27]。

在全球股市暴跌的夜晚，对罗伯特和我来说，出来喝一杯好过独自在家，任凭自己被愚蠢而萦绕不去的恐惧摆布。当我们和其他人谈论自己的担忧时，可以减轻一半负担，还可以获得鼓舞。大家在一起时，可能会过滤掉一些不相干的消极想法。值得注意的是，海德格尔的洞见与心理学、神经科学的一些相关知识是一致的[28]。它们以不同的方式激励我们主动采取积极的行动，对生活进行短期或长期的管理。

正如前文中强调的，尽管看似无害的刺激会引发焦虑，但在更深入的层面上，焦虑的原因是偏离了个人价值观，偏离了形成我们生存核心的人生选择。因此，听说股市暴跌只是导火线，它激发了更深层的冲突，而一系列令人困惑的焦虑反应是来自身体的信号，告诉我们需要解决这些冲突。矛盾的是，我们之所以担忧是因为我们认为担忧是唯一有效的策略，而担忧确实能够保证我们是安全的，因为它会阻止我们采取行动。但事实上，它只是占据了我们的注意力，没有起到任何实际作用。一开始，应对焦虑会让人感觉是一个非常艰巨的任务，但一段时间后，你的大脑就能够学会如何将注意力从忧虑上转移开。

塑造你的大脑

我知道这听起来容易，做起来难。在有些情况下，焦虑不断无情地折磨着我们，让我们什么也做不了。与焦虑抗争的人可能需要很长时间才能学会如何摆脱它的影响。我没有想过可以一下子就降低这类问题的严重性或减少它们引发的痛苦。以一些经历过创伤的个体为例，引发恐惧的记忆会控制他们的精神生活和行为。

2005 年 7 月，伦敦地铁爆炸案发生将近一年后，计算机科学家托马斯在晚上依然睡不好，爆炸发生时，他正好在埃奇韦尔路的地铁车厢里，幸免于难[29]。他总是做有关爆炸的噩梦，那个可怕早晨的记忆纠缠着他。此外，还不时会有一些不同寻常的事情发生在他身上。每当他大笑时，会立即变得悲伤起来。有趣的事情引发的欢笑经常伴随着情绪低落。

英国国家医疗服务体系的一位治疗师帮助他回想那天的经历，从爆炸之前开始回忆。当时托马斯登上环线地铁，他坐下来，打开一本弗拉基米尔·卡米纳（Vladimir Kaminer）写的书。卡米纳擅长写幽默故事，是托马斯最喜欢的作者之一。托马斯记得他坐的地方距离自杀式爆炸者仅有几米，当时他情绪很好，很开心。就在恐怖袭击者把自己炸飞前的瞬间，托马斯还在大笑。他的脑子牢牢记住了这些事件的顺序，在爆炸袭击之后的几个月里，他在头脑中不断重放这些事件。因此大笑很容易变成绝望。

2005 年 7 月 7 日的早晨，就在伦敦申办 2012 年奥运会取得成功之后，惨烈的爆炸事件发生了，它对涉及其中的人产生了无可挽回的影响。56 人在爆炸中丧生，包括自杀式爆炸者。数百人受伤，有的人失去了手臂或腿，有的人永远瘫痪了。爆炸事件还在很多当时乘地铁通勤的人的记忆中造成了无形的伤害，托马斯就是其中之一。对面临生命威胁时强烈的恐惧和无助感的鲜活回忆是创伤后应激障碍的核心症状。创伤后应激障碍的显著特征之一是持续的威胁感，尽管危险已经过去。持续的高度警觉和夸大的情绪反应一定会妨碍我们正常的工作和社交。对于患有创伤后应激障碍的人来说，焦虑的警报永远不会渐渐消失。他们总认为危险即将降临。

但是，值得注意的是，在面对非常令人担忧的事件，比如恐怖袭击、战争或像地震这样的自然灾害时，每个人都会有不同的反应。大多数人，尤其是与创伤性事件间接相关者的应激症状是暂时的，随着时间的流逝会慢慢消退，不会留下持久的心理并发症。一般情况下，人们会继续他们的生活。

为什么创伤性事件会给有些人留下不可磨灭的印记，而在另一些人的心里却没有留下任何痕迹？答案涉及多个因素。

有些来源于我们过去的经历和个人的人生故事。成年后表达焦虑的倾向是在人生关键发展时期形成的机制的结果。这类机制非常依赖我们所经历环境的类型。当然还有与环境共同发挥作用的生物学因素，它们造成了不同的性格和对外部世界不同的反应。例如，有些人的杏仁核更容易被激活，比其他人的更容易兴奋，这使得他们在加工情绪时更加敏感，对特定情境的反应也更加敏感。遗传差异当然也发挥了作用。例如，研究显示 5-羟色胺受体 1A 基因序列的某种细微差异会降低杏仁核的活动性，这证实了这种受体在调节焦虑反应上的作用[30]。过往的生活经历和生物倾向的累加效应使人面对逆境时的复原力有强有弱。

2005 年 7 月 7 日身处伦敦的每个人都会回想起那天的经历，并最终以自己的方式接受那些事件。

那个 7 月的上午，就在炸弹爆炸的那一刻，我已经坐在了办公桌前。就在半个小时前，我还在前往罗素广场的路上，慢跑着经过 30 路公共汽车爆炸的地点。我对那天最鲜明的记忆是那天晚上整个城市陷入一片寂静。我从来没见过伦敦如此沉寂，如此悲伤。爆炸事件发生的几周后，我依然对乘坐伦敦的地铁和公交感到犹豫。幸运的是，我不需要每天早上都乘坐公共交通去上班，因为我的通勤路程比较短，从费兹罗维亚到科芬园。一般来说，只要时间允许，我都会步行上班。我还会避开拥挤的空间，因为我觉得那会是新的攻击目标。在爆炸发生后的一年里，伦敦公共交通的整体使用率降低了大约 15%[31]。

在那个夏末，我对新恐怖袭击的担心减弱了，开始再次乘坐地铁。但是我依然很警觉。我承认有一两次当看到有人背着双肩包时，我会离开那个车厢。那是情不自禁的。一段时间后我自己学会了评估恐怖袭击的风险，而且认识到不应该让对恐怖袭击的焦虑妨碍我的正常生活。

在我前文中提到的威廉·詹姆斯的文章《什么是情绪》中，他明确地提出了如何培养控制情绪的能力："如果我们想战胜讨厌的情绪倾向，首先必须刻苦地、无情地练习我们想培养的性情的外部动作。"如果我们有焦虑的倾向，就需要刻苦地练习用平静和积极来对抗它的能力，我们必须从身体开始。"通过吹口哨来保持勇气不只是比喻的说法。"詹姆斯说。

大脑和神经元具有相当大的可塑性，每个以改变为目的的行为，无论多小，都有助于巩固新的行为模式和绕过焦虑反应的神经回路[32]。

我们可以对自己进行调整，纠正行为，避免成为焦虑的牺牲品。渐渐地，非恐惧的策略会被确立下来，成为大脑中优先选择的神经回路，这样，在面对焦虑时，我们就会有更好的准备。在焦虑完全控制我们之前，我们有能力"打开"另一条通路。充分利用大脑的可塑性就像沿着不同的路线抵达目的地。想象你总是按照相同的路线前往森林中的一个湖泊，有一天你注意到距离你习惯的路线不远的地方，在灌木丛中还有一条未走过的小路，你决定走一走。一开始，这条新路凸凹不平，但是你走得越久，它就会变得越平坦。一段时间后，这条新路会成为你优先选择的路线。

不断增长的有关神经可塑性的知识重塑了我们对精神分析和其他心理疗法的理解。现在我们已经清楚地知道各种类型的"谈心疗法"不只是信息交换，还是一种能够直接影响大脑的生物治疗。一些脑成像研究在治疗前和治疗后对大脑进行扫描，结果显示在治疗期间大脑确实进行了重新组织。令人吃惊的是，治疗越是有效，大脑中发生的改变越深刻。唤起记忆和有意识地把注意力集中到新的行为模式上都会使大脑产生持久的生物学改变，比如突触连接增加并改变，形成新的神经元连接。新的心理现实被建立起来。例如，功能性磁共振成像显示，四周时间的治疗就能使恐慌症患者过度活跃的杏仁核趋于正常[33]。

认知行为疗法基于这样的假定：认知扭曲造成了焦虑。认知扭曲指的是不现实或夸大的想法，比如担心枪手会在宁静的周日下午冲进咖啡馆，开枪射击所有的顾客。我们知道这样的事件虽然有可能发生，但概率非常小。或者像本章开篇的案例，虽然你在股市没有投资，但依然担心金融危机会给你造成很大风险。

认知行为疗法提供的一个建议是承认这些认知是扭曲的，找到恐惧的源头，置身事外地评估它们，确定为什么有些恐惧是毫无意义、毫无根据的。换言之，认知行为疗法教会我们为恐惧找原因。如果关于枪手的想法使我们不敢去常去的咖啡馆，治疗师会鼓励我们克服不理性的恐惧，观察并体会进入咖啡馆是安全的行为。治疗师通过让我们用新行为替代旧的消极行为，并练习新行为，促使我们利用大脑的可塑性。在有知识、有技能的咨询师的帮助下，心理疗法能够像神经外科医生一样深入我们的大脑。这样我们离开治疗室时，会感觉焕然一新。这不仅因为我们认识到了自己过去和现在的行为模式，也因为大脑中不断进行的化学变化加强了这种意识。

让平和化蛹成蝶

1958 年夏天，参加在旧金山举办的美国医学会（American Medical Association）大会的人会看到一个由降落伞做成的像蠕虫一样的东西，它长 20 米，会有规律地“呼吸”，模仿毛毛虫的样子。你还可以从内部观察它，里面有四个人像。设计制作这个装置的人是萨尔瓦多·达利（Salvador Dali）。进入毛毛虫的身体内部之后，你首先会看到一个憔悴的男人，他举着一根棍子，顶部有一只黑色的蝴蝶。达利用它来描绘人类的焦虑。接下来是一个几乎透明的女人，她也举着一根棍子，顶部有一只蛾子。第三个人像是头上戴满鲜花的少女，达利称她为“平和之蝶”。最后是一位少女，她跳着绳走向宁静。

这只毛毛虫是华莱士实验室（Wallace Laboratories）委托达利创作的艺术品，华莱士实验室是眠尔通（Miltown）的制造商。眠尔通又名安宁，于1955年偶然被发现，研究者原本的目的是发明肌肉松弛剂。眠尔通在早期精神药物历史上成了被使用最多的弱安定剂之一。

达利这位古怪的超现实主义艺术家非常善于描绘心理，尤其是潜意识心理，他把自己的作品命名为《蛹》（*Crisalida*）：“眠尔通的外部结构就是蝶蛹的外部结构，是涅槃的终极象征，它为蝴蝶炫目的破茧而出铺平了道路，反过来它也是人类灵魂的象征。”[34]达利似乎非常熟悉人类的焦虑感，很有信心地将它形象地表现出来，用走过看似令人不安、有点可怕的生物的内部来代表药物。这段旅程从焦虑开始，最终实现了和谐。根据《蛹》的故事，眠尔通为远离焦虑、心平气和的状态铺平了道路。在《蛹》展出时，眠尔通已经创造了非常巨大的利润。那是制药公司的神奇年代，现代生活充满了压力，这样的社会成了制药公司得以发展的沃土[35]。

后来，另外一类抗焦虑药物被引入市场，这就是苯二氮卓类药物。这类药物通过绑定大脑中的γ-氨基丁酸受体来达到镇静的作用，像之前提到的5-羟色胺受体1A一样，γ-氨基丁酸受体是抑制性神经受体。它们几乎能够立即降低心率和急促的呼吸，让焦虑的思维快速平静下来。这类药物很有效，制造成本相对低廉，针对的是特定的人群。

有些提供给医生的促销资料把普通人也说成是需要这类药物的人，他们需要用药物来克服因日常障碍和困难而产生的担忧[36]。在广告中，为日常家务烦恼的家庭主妇、交不到朋友的人、工作压力大的经理人和像罗伯特那样的银行业者，都应该服用这类药物。经常反复出现的女性形象是因为家中的麻烦事而紧张焦虑；男性形象则通常出现在工作环境中，应对着很多与业务相关的、业绩要求很高的挑战，需要多任务处理能力和各种社交及人际互动能力，才能在办公室里如鱼得水，最终赢得重要的交易。新闻媒体把药物说得很吸引人，让消费者对它们充满了期待。这类说法包括“让你心平气和的药”“灵魂的阿司匹林”“快乐丸”“心灵通便剂”，甚至“药片中的土耳其浴”[37]。

然而这些弱安定剂在被商业化并广泛宣传后不久，就开始被认为既是社会的一种机会，也是一种危险。有人指责制药公司搞骗人的把戏，把人类正常生活的一部分说成是需要治疗的疾病[38]。

苯二氮卓类药物从来没有从市场上消失。如今，它们依然是医生开得最多的药物之一。你会看到有的人在登机之前或在重要的面试之前吞下赞安诺（Xanax）。我从来没有服用过赞安诺或其他类似的药。每当焦虑来敲我的门，就像我的朋友罗伯特给我打电话的那天晚上，我会借助各种不同的疗法。我可以练瑜伽、喝甘菊茶、喝酒或找朋友聊一聊。

原则上我并不强烈地反对使用药物。没有合成药物的世界是不可想象的。抗抑郁药物在帮助你短期管理焦虑上确实很有效。我之所以一直没有服用这类药物，可能是因为我从来没有觉得我无法控制自己的焦虑，又或许是因为我坚信自己应该在没有干预的情况下设法应对情绪，或者对于任何情绪扰动，我应该先找到它的内在原因。药物很有吸引力。当所有方法都不奏效时，它们是现成的替代选择。现在，抗焦虑药物确实很容易获得，唯一的阻碍就是取得医生的处方。但是抗焦虑药物会产生依赖性。如果在特别艰难的时候，服用抗焦虑药物让你获得了平静，那么每次出现类似情况的时候，你都会想要服用药物。它在当时能让你减轻焦虑，但无法阻止焦虑复发。

现在仍然存在争议的是，是否应该给焦虑程度没有妨碍正常生活功能的人开抗焦虑药物。几乎每个人都对正常的焦虑不安非常熟悉，诊断和治疗的界线非常不明确。这就是影响罗伯特的焦虑类型，它也经常影响着你和我。在如今的社会中，这种焦虑类型被贴上了“广泛性焦虑障碍”的标签，而且非常普遍。

对无忧无虑或平静状态的渴望，也就是达利的作品《蛹》所蕴含的意义，可能是人类所固有的。我们梦想着没有焦虑的生活，或者至少在生活中能有无忧无虑的时候。受焦虑折磨的人、努力减轻焦虑重压的人、实验室研究者、临床研究者以及制药公司，都在关注如何缓解焦虑。然而，这种态度使焦虑带有负面的含义，把它描绘成一种不受欢迎的、可以避免的精神疾病，需要对它进行干预。在《焦虑时代》中，奥登把焦虑描写成“萦绕在大多数年轻人心里的”难闻气味，他们有这样的错觉，“缺乏信心是他们独特而可耻的担忧，如果承认这一点，他们会成为标榜正常的同龄人嘲笑的对象”[39]。

焦虑还被说成是可以避免的事物，甚至我们应该为焦虑感到羞愧。

精神病分类的一个根本问题是它们依赖于社会背景。无论它们的性质是什么，无论它们被命名为什么，你都无法使它们脱离其所处的背景。

法国科学史学家乔治·康吉莱姆（Georges Canguilhem）构建了一个通用的框架，以此解释焦虑症本身与它被赋予的意义之间持续的紧张关系，这个框架还帮助他提出了正常与病态之间的区别。他相信每个有机体都有着自己的一套特性和机能，如果你喜欢，可以称之为“总体生理”。这套总体生理使个体能够在世界中发挥功能，适应环境。在康吉莱姆看来，这构成了个体固有的规范性。从这个角度来看，身体的损伤同样构成了属于这个个体的规范性，是他的生理规范的一部分。但是在有机体之外，在社会中存在着其他规范，它们认为某些种类的行为是可接受的，某些是有问题的。生理规范与社会规范之间持续的紧张关系导致了新的精神疾病的出现，社会规范把生理中规范的部分定义为可悲的障碍[40]。

当今社会，尤其是在西方国家，推崇极度自信、主动性、成就、坚韧和效率等价值观，对焦虑的容忍度变得越来越低，无论是严重的焦虑还是轻微的焦虑，这改变了我们对个体的期待。对于焦虑，我们不给它时间和耐心。这些价值观成为规范，反对与之不同的态度和表现出这些差异的人，比如缺乏活力、情绪低落或顺从的人，并把这些人判定为有病。因此人们不遗余力地消除焦虑，抗焦虑药物的处方越开越多，更有效的新药物不断被开发出来[41]。具有讽刺意味的是，我们生活在产生焦虑的社会中，却忽视了焦虑的积极作用。而且，正是消除焦虑的努力进一步加深了产生焦虑的文化[42]。

尾声

罗伯特最终失去了银行的工作。一开始这对他来说很难接受。在他失业期间，我们见过几次面，我试图帮他想一想接下来怎么办。在天南海北地聊科学、哲学和人生的过程中，我们都承认自己无力影响经济形势，但可以改变自己对它的反应。

有时候我们会思考，如果这几年没有遭遇金融危机，我们的生活会是什么样。我们疑惑自己是不是出生得太晚了。即使承认自己生活在焦虑感大到不成比例的年代，我们也改变不了什么。这就是我们生活的时代，我们只能尽力应对。

除了严重的创伤在记忆中留下的难以磨灭的印记之外，大多数焦虑其实源自我们改变对自己身份认同的持久愿望，源自我们认识到为行动找到绝对明确的指引是不可能的。焦虑就是无法应对不确定性，严重的不确定感令人生畏。

然而生活本来就是不确定的，不是吗?

尽管焦虑被钉在耻辱柱上，但我们应该珍惜它。为了客观地评估我们的存在，由此做出重要的改变，努力实现积极的成果，我们需要焦虑。焦虑是我们的黄灯，是做出正确选择的机会，是确定为了过忠实于自己的生活，或者至少是对我们有意义的生活，值得我们追求的目标和值得实施的行为。当然这些目标会因人而异。无论你渴望一个大家庭、一份销售工作，还是成为音乐人或拥有完美的身材，你都必须下定决心。因此，当焦虑侵袭时，我们一定要足够坚定，坚持我们根本性的渴望，但也要灵活地调整自身，做出必要的改变。焦虑是让不确定变得确定，让含糊和隐约变得精确而清晰的机会。如果你能这样做，那么焦虑就会消退，更积极的情绪就会出现。

让我高兴的是，罗伯特用他的一部分退休积蓄开始创业，在索霍区的中心开了一家咖啡馆兼书店。他一直梦想着拥有这样一家店，于是抓住经济衰退带来的机会，继续他对书的热爱。现在，每当我们需要交流对人生的看法时，我就会去那儿见他。

一些在经济衰退中失去工作的人很有创造性地开始追求其他事业，重新发现长期被压抑的爱好，全身心地投入进去。谁也不知道罗伯特的咖啡馆能否支撑他渡过金融危机，但他接受了生活就是不确定的这一真相。恐惧和勇敢是同一枚硬币的两面。勇敢是尽管恐惧，依然坚持你的行为，尽管不知道前方有什么，依然敢于转弯。

每当我需要提醒自己这一点时，就会想起奥地利裔波西米亚诗人赖纳·马里亚·里尔克（Rainer Maria Rilke）所写的美丽文字。诗中谈到了“无法解释的恐惧”，这种说法本身就概括了焦虑的意义。他说：

> ……无法解释的恐惧不只会耗尽个体的生命……它是在面对任何无法预见的、不知道自己是否应付得来的新体验时的羞怯……如果我们把个体的存在看成是一个或大或小的房间，显然大多数人只了解自己房间的一角、窗户旁边的一块地方，或者他们来回走的一条地板。这样他们就产生了某种安全感，但是危险的不安全感更能体现出人的本性……[43]

里尔克鼓励我们拥抱不确定性。接受并学会应对生命中这个基本而固有的方面，这是克服焦虑并与焦虑共存的最好方法。

4°C

悲痛 沉浸于不存在之中

你的不存在包围着我，
就像缠绕着喉咙的绳子，
就像把人淹没的大海。

——路易斯·博尔赫斯（Luis Borges）[1]

快乐有益身体的健康，但悲伤拓展了心智的力量。

——马塞尔·普鲁斯特（Marcel Proust）

HOW WE FEEL 

我的外祖母露西娅在花园的角落里摘无花果，她一个接一个地把最好的果实从那棵老无花果树上摘下来，放进一个篮子里。在西西里岛的东南部，9月是无花果熟透的时节。外祖母答应让我带无花果酱回伦敦。我来探望她时，会负责把最高树枝上的果实摘下来。当我还是个孩子时，经常会爬到这些树枝上。这棵无花果树几乎和我的年纪一样大。花园里的一草一木都是外祖父种的，那时他和外祖母离开家乡，来到这里的海边住下。这些年来，这棵无花果树不仅每年都会结出果实，而且在闷热的夏日午后为家人聚会提供了阴凉。

每次当篮子装满时，我们就会回到屋里。我会剥掉一两个无花果的果皮，尝尝味美的果实；而外祖母则会向外眺望大海。透过厨房的窗户可以看到海岸线。外祖父曾经给她买过一架望远镜，把它朝向大海，这样每次外祖父周末乘船出海钓鱼时，外祖母就可以在大海上找到他。这件事总是发生在正午时分。外祖母要想看到外祖父，只需要从望远镜里找到那只映入眼帘的小船就可以了。

过了这么多年之后，我依然不知道外祖父把望远镜放在那里是否只是为了让外祖母安心，以及他是否并不介意有个私人海岸警卫队，检查一切是否正常。无论怎样，在望远镜里看到外祖父就表示他已经在回家的路上，快抵达码头了。这也就表示是时候碾碎香草，烧些水了。如果孙辈们在家，我们会被叫来摆放桌子，或者去花园里采摘新鲜的欧芹、柠檬和鼠尾草。

现在望远镜依然在那里，但是那条船再也不会出现在视线里了，它只会出现在外祖母记忆的准星上，那是60年共同生活的记忆。现在不再有新鲜的鱼，也不需要为外祖父黎明时的钓鱼之旅准备早餐。现在只有一张外祖父在船舵旁神情骄傲的照片挂在墙上，照片下方摆放着鲜花和蜡烛。外祖父尼诺于2007年6月去世，享年80岁。他死于胃癌，从确诊到去世，他与病魔抗争了一年多，其间经历了两次外科手术。他很勇敢，一直在努力争取希望。

全家人都为外祖父的离开感到悲伤，而这对他的老伴露西娅来说尤其艰难，因为她失去了人生伴侣。当外祖母望着窗外的大海时，她会来到一个只有她自己知道的地方。莎士比亚说:“悲伤使人度日如年。”奥斯卡·王尔德（Oscar Wilde）在《自深深处》（*De Profundis*）中也有类似的评论:“痛苦会持续很长时间。”对于那些陷入悲痛中的人来说，时间流逝的速度与常人不同。季节、日子、小时、分钟都变慢了，就好像地球旋转的速度减慢了一样。痛失亲人使我们生存的平面变得倾斜。这是一种让人不知所措、迷茫混乱的体验，就像情绪大地震。当我们摸索着度过失去所爱之人后的岁月时，悲痛会扰乱我们的罗盘指针。

在悲痛中，我们会在心里重演与逝者共同度过的时光。一开始，记忆，哪怕是最快乐的记忆也是带有侵略性质的，它会令人极度痛苦。古希腊戏剧作家埃斯库罗斯（Aeschylus）曾说："没有什么比悲痛时的快乐记忆更令人痛苦。"记忆会让我们更加渴望与逝者的重聚，但这是不可能实现的。我们应该尽量回避能使我们想起逝者的情境、地点或活动。在事件发生一段时间后，接受现实有助于我们更好地应对失去，而记忆的宝贵之处是能够把我们和逝者的距离拉近。俗话说得好，时间能够治愈悲痛。

悲痛是一种强烈的情绪，它也被视为包含其他情绪的一个过程或一段轨迹，就像链条中需要解开的结。悲痛会慢慢变得陈旧，初期的悲痛很强烈，然后慢慢会变得更为平静和不明显。尽管并不存在丧失亲人后的典型反应，但很多丧亲个体都会经历一些同样的阶段[2]。

首先是否认，就是不相信、不接受发生的事情，不相信自己所爱之人的生命被夺走了。这种丧失具有令人无法承受的创伤性，否认的作用就像一个好用的过滤器，它只允许你自己可以应对的事情通过。接下来是对自己或他人的愤怒，因为做得不够，没有阻止死亡的发生。对自己的愤怒往往会转化为内疚。最后，我们学会了在失去所爱之人后如何生活，我们构建出这一事实，从比较远的地方观察它，学会如何应对记忆，最终接受。但在接受现实之前需要的时间可能很长，或许要经历最缓慢、最痛苦、最脆弱的阶段。那就是深深的悲伤。

垂头丧气

这一节的标题是一个英语词组"down in the mouth"，它最早出现于 17 世纪中期[3]，表示沮丧、灰心、失望的情绪。所有这些词语都表达了一种情绪转化，涉及某种减损。

还有另外一套我们熟悉的表示悲伤的比喻，涉及动态的过程。我们坠入低落的情绪或忧郁中，感到沮丧，一切都失去了活力，一切都在下沉，就好像受到了不知哪来的重力的作用。这是向下的运动，彻底的痛悔，从内部开始的枯萎。达尔文在有关“情绪低落”的章节中把悲伤描写成血液循环迟缓、面色苍白、肌肉松弛的状态。他写道：“头垂在萎缩的胸膛上，嘴唇、面颊和下巴都因为自身的重量在向下垂。”[4]

“Down in the mouth” 确实和我们面部表情的细微动作很一致。悲伤最先被人们觉察到的表现之一就是嘴角下垂，这是被称为降口角肌的微小肌肉作用的结果。嘴唇向下的曲线会伴随着脸的上半部分的变化，达尔文称之为“眉毛倾斜”。

眼轮匝肌、皱眉肌和鼻子的角锥体收缩，使眉毛内侧向上抬并聚在一起，形成一个疙瘩，甚至眼皮的上部也会抬起，形成一个三角形。达尔文强调了特定肌肉的收缩在整体悲伤表情中的作用。这种肌肉收缩会对有些人产生非常显著的效果，使他们的前额上形成深深的皱纹，形状就像马蹄铁[5]。达尔文写道，这些肌肉应该被命名为“悲伤肌肉”。

在情绪所有外在的身体迹象中，我认为最值得关注的是它们独特的结果。正如我们在前面章节中看到的，所有情绪都会伴随着一整套自发的、恰如其分的身体改变，尤其是面部的改变。假装悲伤并不容易。肌肉的运动会让你的眼眉内角拱起，这是很难按照自己的意愿做出来的，哪怕是演员。

演员虽然很擅长复制情绪，但他们不能准确无误地复制一种表情和它的所有构成要素。图 4-1 中的男人和女人并不是真的悲伤，而是在模仿悲伤。这是达尔文聘请的瑞典摄影师奥斯卡·雷兰德拍摄的照片。达尔文说图中那位女性的眉毛并不像真正悲伤时的样子，但是她非常成功地模仿了人们悲伤时前额的皱纹。相比起来，那位男性的眉毛内侧拱起得更逼真，虽然两边并不一致。

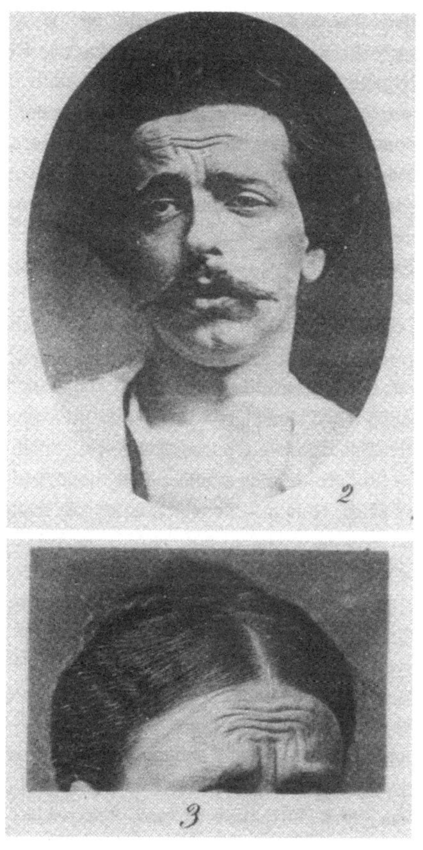

图 4-1　演员模仿悲伤的照片

只有上图男演员的眉毛内侧达到了悲伤的真实效果。

资料来源：Wellcome Library, London

总之，人们很难逼真地模仿情绪，尤其是在专家的眼里。反过来，只要是真实的情绪就很难隐藏。在下一章中我会更详细地探讨演员、面部表情和情绪。

但是有一种东西使得悲伤变得比较容易模仿，那就是眼泪。

泪流成河

皮肤上的伤口需要立即清理，以避免感染。情绪上的伤口同样需要清理。在哭泣中，悲伤和悲痛的感觉得到了冲刷。眼泪代表了过量情感的宣泄，是情感的舒缓药膏。

眼泪的一些生理特点比较简单明显。眼泪是有效的眼睛润滑剂，这是一种普遍功能。如果不能产生泪水，眼睛就会干涩，无法抵御外界的刺激物。眼睛不断产生具有润滑作用的眼泪，通过泪腺注入角膜表面。泪腺是一个杏仁形状的小球，位于内眼角，即靠近鼻子的地方。眼泪对眼睛的保护作用还在于它含有溶菌酶，这是一种天然的消毒剂。

但是当眼泪洒落在悲伤这片脆弱而干旱的土地上时，它绝对不只是盐和消毒剂，此时眼泪表达了情绪。因为情绪而落泪虽然很常见，但作为一种人类独有的能力，它在演化中具有很特殊的地位。没有令人信服的证据显示动物也会哭泣，甚至是和我们最相似的灵长类动物黑猩猩。

当然这完全取决于你如何定义哭泣。当把年幼的老鼠或猴子从母亲或照顾者身边带走时，哪怕只带走一小会儿，你也能听到它们尖声大叫，看到它们眼睛和身体动作中的绝望。这些都表明了明显而强烈的痛苦。人类的婴儿也会这样做。他们会毫不掩饰、非常明显地表达离开母亲所感到的伤心悲痛。在所有这些情况中，哭泣是抗议的外在表现。但是因为失去亲人而悲痛或因为另一种情绪震动而落泪是人类独有的特征。婴儿在出生后几个月才能学会这种哭泣，这不只是因为泪腺还没有发育或不能发挥功能。达尔文在自己孩子身上发现了这个特点。一次他的大衣边缘不小心扫到了自己两个月大的孩子的一只眼睛，孩子大声尖叫，被扫到的眼睛流出眼泪，而另一只眼睛则没有任何反应。

只有当婴儿将近 5 个月大时，他们才会真正地哭泣[6]。

哭泣的目的是什么？心理学家对此疑惑了很长时间。

在诗作《黑海零简》(*Letters from the Black Sea*) 中，拉丁诗人奥维德 (Ovid) 写道："眼泪有时胜似言语。"哭泣确实具有传情达意的力量。就像各种动物的幼体同母亲分离时都会发出叫声以表达强烈的痛苦一样，满含情绪的眼泪是人类表达悲伤的有效方式。心理学家兼神经科学家罗伯特·普罗文 (Robert Provine) 研究过一些怪异的行为，比如打哈欠、咳嗽和打嗝。他对眼泪所具有的沟通力量进行了测试。研究结果显示，眼泪明确地强调了悲伤的情绪。他和同事给 80 名被试看几对悲伤面孔的照片。在每对照片中，其中一张脸上有眼泪，另一张用数码技术把眼泪抹掉了。无一例外，被试都认为有眼泪的照片比抹掉眼泪的照片显得更悲伤[7]。此外，眼泪能够消除面部表情识别中的模糊性。如果把悲伤面孔上的眼泪去掉，同样的悲伤表情被误解的可能性就会更大，很有可能被说成是沉思、困惑或敬畏[8]。

眼泪常常被视为脆弱的表现。泪水模糊了视线，这确实会使人更容易受到伤害。哭泣还会使人变糊涂。尤其是如果哭泣使我们变得混乱、绝望，我们就什么也做不了。它使我们陷入混乱、麻痹的状态，让我们很难看清问题、采取明智的行动。哭泣会暂时扭曲知觉，妨碍我们做出恰当的应对，因为我们对问题还没有得出理性的解释或者没有准备好解决方法。哭泣的好处是能够表达我们对他人的依恋和需要，为加强人际关系提供机会[9]。脆弱具有凝聚力。

最重要的是，流泪通常被认为具有宣泄和释放的作用。适当的哭泣能够使你摆脱不自然的情绪，具有情绪净化器的作用。哭泣可能是猛烈且令人昏乱的，但是当事情过去了，我们重新恢复平静时，会从这种震动中获益[10]。

有个问题依然没有得到解答，那就是什么使饱含情绪的眼泪如此独特。换言之，生洋葱让我们流出的眼泪和我们在机场与亲人告别时落下的眼泪是否不同？关于两种眼泪在化学构成上的差别，并没有决定性的结论。普罗文推测，饱含情绪的眼泪中的关键分子是被称为“神经生长因子”（NGF）的分子。最初被发现时，神经生长因子是一种促进神经元发育和存活的蛋白质，它对眼睛也具有治疗作用，还对情绪有调节作用[11]。在普罗文看来，尽管现在还不清楚眼泪中含有的神经生长因子是通过什么路径和反应产生的，但它与神经系统的关系使它成为眼泪具有情绪特征的一个很好的备选解释。

我认为还没有得到解释的两个令我着迷的问题是：第一，引发哭泣反应的强度阈限是什么；第二，是什么让有些人比其他人更容易哭泣。眼泪与悲伤、绝望相关，当然有时候我们会因为快乐和幸福落泪，也会因为能够带来满足和认可的情绪而落泪。对于这两种情况，我们并不知道是什么使眼泪滴落的。我们都很熟悉当眼泪涌入眼睛时那种软弱无力的感觉，就好像傍晚的潮汐突然涌到了脚下。有时候眼泪会不受控制地泛滥。我们的存在就像一个房间，泪水不请自来地用力推开它的门，淹没了它的地板。然而有时候我们很想流泪，眼泪却拒绝出现，让我们好像置身在沙漠里。即使在我们不知道自己为什么会哭的时候，眼泪也能带来一些重要的信息，这些信息隐藏在无意识的秘密中。

悲痛与身体疼痛相似吗

丧失引起的悲痛以及其他程度的情绪痛苦常常会用表示身体疼痛的说法来表达。当受到失望、拒绝或关系破裂的打击时，我们会说自己很受伤，某人或某事给我们造成了或深或浅的创伤，导致了痛苦。我们感觉自己好像被痛打、被碾碎了，留下了伤疤。

身体疼痛与情绪痛苦之间的关系已经超越了语义学。情绪痛苦是指当社交联系和情感纽带破裂时感到的痛苦，它与身体的疼痛具有某些共同的神经机制[12]。从演化的角度看，这是合理的。负责身体疼痛的系统比较古老，负责情绪痛苦的系统是在它的基础上发展起来的。我们能感受到身体疼痛，所以会回避可能造成伤害的事物。悲痛就像是情感债的利息。它是不可避免的，是为我们与他人的亲密关系付出的高昂代价。

身体疼痛与悲痛的原因不同，但它们会引发类似的影响，至少在神经元层面上是这样。一些事件或者让我们想起这些事件的想法和图像会唤起情绪。在所有这些情况中，皮肤之下都发生了一些事情，身体会处理这种改变。在听闻外祖父的死讯时，我正躺在伦敦公寓的床上。清晨，一个电话不同寻常地打来。我已经知道外祖父这些天病得很重。当听到电话铃响起，我确定那是家里来的电话，也猜到了自己会听到什么。尽管我心里对外祖父的离开已经有所准备，但只有在听到姐姐在电话那头宣布外祖父已经去世之后，悲痛才汹涌而来。

当我们被踩到脚趾或撞在墙上，碰撞伤害了身体组织，我们会感到疼痛。另一方面，丧亲或情感联系破裂之痛是分离的结果。某些事物不再在我们的周围，离开了我们的生活。它的消失伤害了我们，导致我们很痛苦，就像撞在墙上会造成疼痛一样。但是与割伤或擦伤不同，伤害我们、给我们留下伤疤的是所爱之人的离去，这种伤痛痊愈起来更困难，也更慢。我们必须习惯再也看不到、触摸不到他们了。让自己习惯一个人不再存在的事实需要付出巨大的努力。我们必须渐渐习惯他们的不存在，而且要把他们从我们的情感空间中抹去。我们需要调整所有感觉，重新编织以前用来感知他们的神经网络，回想逝者。就像被我用作章首引语的博尔赫斯的诗句所写，逝者已经不存在的事实包围着我们，就像紧紧系在我们脖子上的绳子，令我们窒息。

身体疼痛与情绪痛苦具有神经共性的线索来自几个方面，其中之一是对缓和剂的研究。吗啡等麻醉剂具有镇静和减轻剧烈疼痛的作用，有助于缓解分离造成的痛苦。正如我之前简单提到的，尽管动物不落泪，但它们会通过发出尖锐的叫声来抗议与母亲或照顾者的分离。研究显示，如果给同母亲分离的各种年幼的哺乳动物服用麻醉剂，它们表示抗议和痛苦的尖叫会减少[13]。

另一套与身体疼痛和社会性痛苦相关的数据来自神经解剖学和成像研究，涉及背侧前扣带回皮层，那是位于额叶中部的一大块结构。长期以来，人们一直认为背侧前扣带回皮层与身体疼痛相关。例如，扣带回切除术会被用于治疗慢性疼痛障碍，效果明显。

最近研究者对背侧前扣带回对社会性痛苦和情绪痛苦的调节作用进行了测试。神经科学家内奥米·艾森伯格（Naomi Eisenberger）及其同事通过脑成像测量了在社会排斥中感到社会性痛苦时的神经活动[14]。躺在脑扫描仪里的被试被告知会通过网络和另外两个人玩球。其实，其他两个玩球的人是电脑生成的。在其中一轮游戏中，脑扫描仪里的被试会接到其他人传来的球。在另一轮游戏中，他们会被排斥在外。在遭到拒绝和排斥期间，激活明显比被纳入游戏中时更强的脑区是背侧前扣带回和另一个被称为中脑导水管周围灰质的区域。

专门研究悲痛的实验也得到了类似结论。实验者给一些丧失亲人的女性看这些逝者的照片。照片配着与丧失或悲痛有关的文字，这些文字摘自被试自己对死亡的描述[15]。将这些女性对所爱之人与陌生人照片的反应进行对比，可以找到痛苦反应涉及的脑区，这也正是与身体疼痛有关的脑区。

不同类型的痛苦都与同样的脑区有关，这无疑非常有趣。但是这并不意味着我们可以准确地指出产生悲痛的脑区。我在第 2 章中提出，确定内疚的神经所在地的尝试存在着局限，这种局限同样适用于悲痛。悲痛是一个富于变化的概念，具有很长的历史，我将在后文中解释。

如何定义抑郁

令人混乱、有时还会令人虚弱无力的悲痛本能上不会被人认为是一种病。然而在当今社会，丧亲也吸引了医学方面的注意力，并被看成是偏离了正常情况。在某些情况中，正常的悲伤被称为抑郁症，成了疾病的一种。为了理解我这话的意思，我们需要简单地发掘抑郁症的历史，回顾《精神障碍诊断与统计手册》各版本的演变。

正如我在第 3 章中提到的，精神障碍的分类指导原则并非源自病原学的知识，而是源自症状的共性和差异。病原学是一个医学术语，指的是疾病的原因。20 世纪 50 年代，没有人确切地知道什么导致了抑郁的情绪，但人们或多或少地知道抑郁症患者看上去是什么样的。

1952 年第一版《精神障碍诊断与统计手册》出版时，其中包含了大约 100 个条目。1968 年出版的第二版包含的条目大约是第一版的两倍。10 多年后，即 1980 年，第三版列出了大约 300 种心理疾病。1994 年首次出版、2000 年修订的第四版列出了近 400 种心理疾病。让我们来算一算：在《精神障碍诊断与统计手册》第一版出版后的 50 年里，公认的心理疾病数量比之前增长了 3 倍，每一版都比前一版增加了 100 种左右。这样的增长引人注目，而且增速似乎并没有减缓的迹象。

“抑郁”这个词在 19 世纪中期就被用来描述低落的情绪，在每一版《精神障碍诊断与统计手册》中，它都被用作临床术语，但有着不同的描述方式[16]。2000 年版《精神障碍诊断与统计手册》对双相障碍和重性抑郁症进行了区分。

双相障碍的特点是剧烈的情绪波动；重性抑郁症通常指的是持续的低落情绪，也就是我们今天所说的抑郁症。目前诊断重性抑郁症的临床标准包括强烈的悲伤或空虚感、失眠、食欲减退、体重减轻、疲劳、失去活力、对惯常活动的兴趣减退或从惯常活动中获得的乐趣减少、很难把注意力集中在任务上、无价值感或不恰当的内疚感、反复想到死、自杀的想法或尝试。重要的是，抑郁症的诊断至少需要满足这些症状中的 5 条，其中悲伤和丧失兴趣是必需的条件，另外患者必须在一天中的大多数时候都有这些表现，几乎每天如此，至少持续两周。

如果你自己感受过悲痛或者看到过别人的悲痛，会发现大多数丧亲的人都会表现出以上症状中的大多数甚至是全部，症状的强度有强有弱。每一个刚刚失去了伴侣、朋友或亲人的人都会经历一段令人难以招架的适应期。事实上，如果他们没有表现出这些症状，反倒令人奇怪了。

在非常有影响力的文章《哀伤与抑郁》（*Mourning and Melancholia*）中，弗洛伊德解释了如今被我们称为悲痛与抑郁的这两种表现的共性。两者的共同点在于被迫与我们非常关注、非常爱的人或事物分开。我们可以说分离是情感投资的失窃。在悲痛中，分离是由死亡造成的。在抑郁中，分离是无意识的，无法从物理上被感知到。它可能涉及某事物的丧失、对“被轻视”“被忽视”的反应、迫切渴望实现的矛盾情绪。换言之，悲痛源自外在，抑郁源自内在。然而在两种情况中，分离都导致了痛苦。个体从现实中退出来，转向内部，失去了对外部世界的兴趣。

最终从悲痛中恢复过来的人慢慢适应了现实，接纳了丧失。抑郁的人则继续把自己与其他人隔绝开，倾向于自我批评、自我责备，容易失去自尊。因此悲痛是合情合理的，能带给人解脱；而抑郁会变得失控。弗洛伊德清楚地表示："尽管哀伤严重偏离了正常的生活态度，但我们绝不会认为它是一种疾病，应该接受药物治疗。我们依靠的是一段时间后慢慢克服它，任何干预都没有用，甚至是有害的。"[17]

2000年版的《精神障碍诊断与统计手册》没有把悲痛列为临床疾病。丧亲之痛被排除在疾病之外，因为编写手册的人承认丧亲不久的人应该出现抑郁的症状。在手册的导言中，作者提出了心理疾病的通用定义。他们说临床上承认的疾病"一定不只是对某个事件的可以预料且受到文化认可的反应，比如所爱之人去世后的悲痛反应"[18]。

经过更新和调整的《精神障碍诊断与统计手册》第五版已经于2013年5月出版，其中引入了一个特别令人担忧的改变：拟定新版的工作小组把丧亲这个例外废除了[19]。简单来说，这意味着如果悲痛者的抑郁症状持续超过了两周，原则上他就可以被诊断为患有心理疾病了。支持这种改变的人提出的理由是，从症状上看，悲痛者与因为丧亲以外的原因而抑郁的人几乎没有区别[20]。

那么问题来了：两种情况背后的生物特征是否不同？一些研究者试图找到能够证明延长哀伤障碍或复杂哀伤障碍这种新分类的合理性的诊断因素和生物学因素，由此就可以区分正常的悲痛和未解决的悲痛了，未解决的悲痛会恶化成类似抑郁症的失能性疾病[21]。

总之，这个提议的初衷非常好。医生没有兴趣，也不愿意通过过度诊断来增加精神疾病的代价。重性抑郁症大约占世界总人口的10%[22]，也就是说你走在街上每看到的10个人中就有一个人患有抑郁症。在英格兰和威尔士，每年大约有50万各个年龄段的人死亡[23]。如果平均每个死者有4 ~ 5个悲痛的亲人，那么仅英格兰和威尔士每年就会有大约200万人有可能被诊断患有延长哀伤障碍。支持引入延长哀伤障碍这个新分类的论据是，这样医生就可以正当地快速发现并治疗这种症状，避免出现更复杂的疾病，而且保险公司也就更有可能赔偿治疗费用，尤其是在美国。

《精神障碍诊断与统计手册》新版本中的改变不可避免地会造成有害的结果。一流的精神病学家艾伦·弗朗西斯（Allen Frances）是第五版手册工作小组的主席，他屡次告诫研究者们不要创造悲痛这个新的精神病分类[24]。通过持续时间来区分正常的悲痛和需要特别关注及治疗的悲痛有可能造成大量假阳性。没人能说清楚正常的悲痛应该持续多长时间。对于不再为失去所爱之人而感到哀伤，两周绝对太短了。我知道的大多数人都需要更多的时间来应对丧亲之痛，而且似乎没有实验证据证明花了超过两周时间才从悲痛中恢复过来的人最终会因为丧亲之痛而产生功能失调。丧亲之痛的持续时间会因个人的生活状况不同而差异巨大，生活状况包括健康、工作情况和财务情况、过往的悲痛经历和其他艰难的人生经历，这就像非丧亲引起的抑郁的症状差异也很大一样[25]。

文化等因素也会影响悲痛的表达方式。不同的哀悼仪式和传统规定了不同的悲痛持续期，并会通过提供应对丧亲的指导和体系来帮助失去亲人的人。如果我告诉外祖母，她长时间的悲痛会被错误地看成是不正常的，她可能会很生气。讨论某人的悲痛多少会造成一种情感等级，破坏情感的价值。对悲痛的分类会把悲痛变成一种商品。

作家朱利安·巴恩斯（Julian Barnes）曾说，哀伤造成的伤害和它的价值一样大[26]。哀悼是令人痛苦的，但为了应对丧亲，这是必要的。也许人们并非有意，但增加诊断分类这种做法会带来一个最危险的结果，即丧亲之后正常的悲痛会被污蔑为有害的问题。新的诊断分类只是一个标签，但是随着它被引入，之前很多不会引起医学关注的人就变成了病人。

用语言描述情绪

在《精神障碍诊断与统计手册》第一版出版后仅一年，另一部重要的作品问世了。它的作者是一位在剑桥大学教书的奥地利哲学家[27]，这位哲学家充满了魅力，而且非常神秘。他就是路德维希·维特根斯坦（Ludwig Wittgenstein），他的这部著作叫《哲学研究》（*Philosophical Investigations*）。这位奥地利思想家对语言很着迷，在他看来，语言是社会生活的主要内容，但也引发了很多误解和意见分歧。

维特根斯坦坚信，文字的意义不在于一串字母与实体之间刻板的对应。相反，文字会因为我们在外部世界中对它们的使用的不同而具有不同的意义。维特根斯坦把我们对文字的使用称为文字的公共方面，并且相信公共方面比私人方面更有影响力。在他看来，语法不是关于如何正确地组织句子、注意句法和拼字法的规则，而是同文字的使用和意义相关的一套规则或习惯。他采用“语言游戏”这种说法来描述文字被用于特定目的并符合特定规则的社会背景。

他举的最著名的例子就是“game”这个词，它有桌游（board games）、纸牌游戏（card games）、球类运动（ball games）、奥林匹克运动会（Olympic Games）、军事演习（war games）等用法。所有这些用法中都包含“game”这个词，但它们的意思不同。

精神病诊断表现为将一个名称与一系列症状、行为模式联系起来，赋予疾病意义。反过来，每个诊断术语意味着存在某种疾病实体，这一实体中隐藏着复杂的生物学框架，我们才刚刚开始了解这些框架的结构。不同时期不同叫法的抑郁症就属于这种情况。因此，延长哀伤障碍这个新分类必然对应着不同于重性抑郁症和“正常”悲痛的特定症状。

维特根斯坦既不是医生，也不是科学家，但他对精神病学颇感兴趣。维特根斯坦提出的日常语言的问题同样适用于《精神障碍诊断与统计手册》的分类，这些分类以这样或那样的方式进入了医生、研究者和患者的日常语言，甚至进入了媒体报道和普通人的交谈中。重性抑郁症、双相障碍和其他精神病类别在日常交谈中很普遍，人们常用这些词来定义自己和自身状况。诊断、疾病名称和生物学描述常常会令患者感到安慰，因为他们可以不再为生病而自责。

尽管维特根斯坦的著作对语言的逻辑和宗旨产生了巨大的影响，但他的思想对情绪领域的贡献却被忽视了。我们有必要追溯并探究他的观点。

正如我在本书中多次强调的，目前情绪研究中流行的概念之一是情绪与感受的区别，即情绪是身体对事件和环境的反应，而感受是内在、主观、个人的状态，是对情绪状态内省和感知的结果，因此其他人无法触及。我们周围的人只能推断我们的感受，对我们的内在状态形成大致的解释。到目前为止一切还不错。

维特根斯坦承认情绪是直接可见的表现[28]。他强调“不要想，只是看”，暗示情绪通过身体表现所传递的信息比对它的描述所传递的信息多得多，不需要探究或解释[29]。在他看来，行为和肉眼能够看到的东西非常重要，身体能够有效地向别人传达自己的情绪：“有人会说，悲痛表现在脸上。这对我们所说的‘情绪’是必不可少的。”[30] 面部表情、声音和其他身体表达方式可以有效地表现情绪，而语言虽然是次要的特征，但具有决定性。翻阅维特根斯坦的著作，你会发现他用一些页面代表情绪表达的画来辅助自己的论点。以下就是其中一段：

如果我擅长画图，我可以用 4 笔画出无数表情——

……这样做会使我们的描述比用形容词来表达更灵活、更多种多样[31]。

其实，它们与如今的表情符号没有什么不同[32]。

维特根斯坦不相信通过内省能够可靠地推断出心理状态的本质。在他的哲学语法中，我们用来表示悲痛等情绪的词语并不能直接对应我们的内心状态。他的意思并不是我们不能形成内心的感受，或者内省没有用。我们对自己的情绪当然有主观体验。但维特根斯坦认为我们没有学会只通过自己的内在体验来识别情绪，而是通过描述情绪的语言和各种表达方式来识别。就像“game”这个词的情况一样，如果没有一套描述情绪的公共标准，我们便不可能理解它们的意思，更不用说判断其他人的感受。我们对情绪的描述依赖于公共的情绪语言，依赖于这些语言产生的历史背景。

我的悲伤你不懂

让我们觉得讽刺的是，这两个出版物几乎在相同的时间出版：一个是美国精神病学会的手册，它规定了心理疾病所用的语言和分类，诸如悲痛这样的情绪也会被贴上标签；另一个是维特根斯坦对语言和文字如何影响我们理解生活和与他人互动的反思。维特根斯坦没有活到《精神障碍诊断与统计手册》的出版，没能见证 20 世纪下半叶科学技术那令人惊叹的进步。他不知道 DNA 的结构，这项科学发现是在维特根斯坦去世两年后发表的；他也不知道杏仁核、前额叶皮层和去甲肾上腺素、5-羟色胺等神经递质的作用，其中 5-羟色胺是在 1933 年被发现的，但在这位哲学家死后，它才被学界与情绪状态联系在一起。

但是维特根斯坦对悲痛一定有他自己的见解和感受。这与他是否相信存在难以明确表达的内在感受无关，也与内省的解释力无关。毕竟，没人知道这些内在感受和意识的具体构成，也不知道如何测量它们。并不是所有人都认为我们将会有能力精确测量这类情感。如果维特根斯坦今天依然健在，在《哲学研究》出版 60 多年后的今天，询问他对精神病学和神经科学的发展现状有什么看法，将是一件很有趣的事情。他会对神经科学感到好奇吗？我们把各种复杂的情绪状态纳入延长哀伤障碍这一诊断分类之中的做法可能会令他困惑、畏缩。他可能还会疑惑这个名称背后真正有什么。

精神病神经科学的研究正致力于确定生物标志物，也就是一些能够证明身体中某些明显改变的可测量的生物学数值。例如，女性尿液中促性腺激素水平的升高表明她怀孕了，胰岛素水平则是显示某人是否患有糖尿病的良好指标。在心理疾病的情况中，生物标志物能够显示出神经化学方面的功能障碍，有助于抑郁症或复杂哀伤障碍的诊断和治疗。

几十年来，对抑郁症生物标志物的神经学研究和分子研究发生了很大变化。举几个例子：皮质醇是一种与有机体应激反应相关的激素，抑郁个体的皮质醇水平较高，尤其是在一天中较早的时候；通过脑成像发现的大脑形态改变或大脑活动改变能够指示抑郁症[33]；另外，抑郁症患者大脑前部的血流会普遍减少。研究者和《精神障碍诊断与统计手册》第五版的作者们渴望找到尽可能可靠、精确的生物标志物，将它们纳入诊断标准[34]。这些研究令人激动，因为它们将会改善诊断。不过它们也是有很大挑战的研究，因为任何一种精神障碍在症状层面和生物学层面都具有多样性，其中涉及的变量非常多，仅凭一种生物测量结果不足以作为诊断的依据。

即使作为人类，我们对悲痛的体验是共通的，具有一些共同的生物构成要素，但在细节上个体之间依然差异巨大。有些差异同样源自文化惯例。我在外祖母买的鲜花、点燃的蜡烛、她穿的黑色衣服、蒙尘的望远镜、她提到外祖父时的停顿和她因为外祖父喜欢而煮的鱼汤中看到了她的悲痛，因为这就是悲痛在她身上的表现,无法仅仅用“悲痛”或“延长哀伤障碍”这样的词来传达。

精神病学家罗纳德·皮斯（Ronald Pies）用维特根斯坦的“家族相似性”这一概念来说明描述心理状态是多么困难，尤其是在精神病学背景中[35]。维特根斯坦提出，当我们看家族照片时，很有可能会觉得家族成员之间没有什么共同的特征。但是如果细致地查看照片，一些相似点会变得很明显。其中 5 个成员有雀斑，这 5 个人中有 3 个是蓝眼睛，照片中还有几个没长雀斑的人也是蓝眼睛，其他 3 个家庭成员可能一样高。结合以上情况来看，这些特征的存在说明照片中的人互相有关联，虽然没有某个特征是人人都有的。

这同样适用于精神障碍。没有两个人的抑郁症诊断完全相同。所以对于悲痛来说，同样不能一刀切。个体的悲痛体验会有很大差异。同样，每个人的康复过程也具有个人特色。精神病学的分类是非黑即白的诊断:你要么有病，要么没病。然而，当我们在细致地研究症状或寻找障碍背后的神经学因素或遗传因素时，考虑到多样性的评估方法和测量系统会更有帮助。

寻找缓解悲伤的分子

关于抑郁，最流行的叙述之一是它是化学物质不平衡的结果，说得更具体一些就是，大脑中神经递质的水平降低了。

神经递质是在神经元之间传递信息的分子，如今它已经进入日常词汇中。例如：我们发现运动后的愉悦感与内啡肽的释放有关；当肾上腺素使我们在考试、表演或重要的会议之后依然很警觉，并且导致失眠时，我们会说这是“肾上腺素嗨”；为了描述或证明压力水平，有时我们会提到皮质醇这种激素。如果有一种分子真正成了日常词汇，成了街头巷尾或餐桌上交谈的主题，或者反复出现在科学杂志的标题上，那一定就是神经递质 5-羟色胺。我常常听到“我今天的 5-羟色胺水平一定很低”或者“这个人需要提升他的 5-羟色胺水平”这类句子，它们总是让我一个激灵。

5-羟色胺的分子结构很简单（见图 4-2），由 25 个原子整齐地排列而成。它被作为预示快乐的分子，粗略代表了大脑状态和幸福感。5-羟色胺现在非常流行，有时我们能看到它的分子结构被印在马克杯、T 恤衫、明信片上，有些珠宝设计师也会采用它的分子结构，它甚至被用在纹身上，以此赞颂它提升情绪的作用。

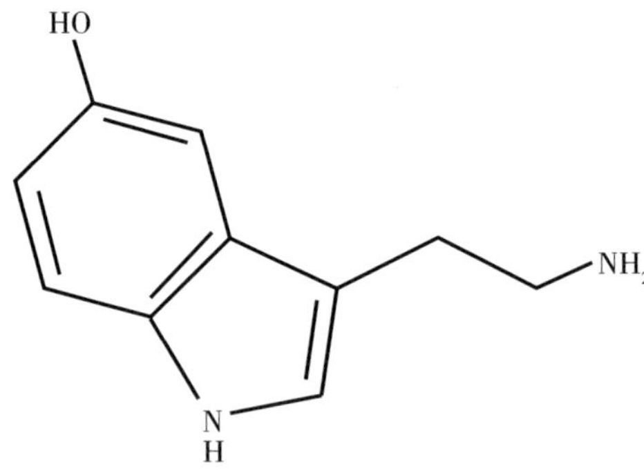

图 4-2　5-羟色胺的分子结构

5-羟色胺不只存在于大脑中，其实身体中大约 90% 的 5-羟色胺是储存在肠道里的。它通过调节血管的扩张和收缩来促进肠道运动，还参与了血小板功能的正常运转。血小板是促进凝血和伤口愈合的血细胞。只有其余 10% 的 5-羟色胺用于完成其他职责，也就是作为大脑中的神经递质。在大脑中，它由专门的 5-羟色胺能神经元产生，主要位于一个被称为中缝核的结构中。这个结构位于大脑的中部，紧贴脑干上方的中线，其神经连接几乎扩展到了中枢神经系统的每一个部分。

情绪与大脑中神经化学物质的失衡有关，这个发现可以追溯到 20 世纪 50 年代。该发现基于一系列意想不到的观察数据，其中一些观察到有些药物会干扰动物的情绪。一些药物能够改善情绪，一些药物则会恶化情绪。改善情绪的药物提升了神经递质的水平，使情绪恶化的药物则降低了神经递质的水平。大多数药物针对的是单胺类神经递质系统，这是大脑中的一类分子，包括去甲肾上腺素和 5-羟色胺。例如，医生注意到服用利血平这种药会使情绪低落。后来，人们发现利血平对兔子具有镇静作用，同时造成了 5-羟色胺水平降低[36]。

这类数据的积累促成了一条简单的假设：抑郁等同于这些胺类水平的降低，高兴等同于其水平的提高[37]。这一理论对精神病药物学产生了巨大的影响。制药公司开始合成能够提升神经递质的药物。

为了了解药物如何影响 5-羟色胺，让我们复习一下神经化学的基础知识。

构成大脑的数百亿神经元什么也不做，只是互相通信。值得注意的是，神经元不需要彼此接触就可以进行这种通信。它们传递信息的“语言”包括神经递质分子的序列和细胞在被称为突触的空间中进行的对话，突触是神经元彼此相连的点。你可以把这个空间想象成连接两岸的航道，神经元之间的信息通过神经化学方式往返穿梭，就像老式的信件交换，神经递质就像是坐在船上的可靠的邮差。每当神经元需要传递信息时，就会向航道中发送相关的神经递质。受体在对岸等待着，它们是信件的接收者。至少有 15 种不同类型的受体可以接收来自 5-羟色胺的信息，每一种都在调节情绪的各个方面发挥着不同的作用。例如在第 3 章中，我提到 5-羟色胺受体 1A 通过抑制功能来控制焦虑。

投递系统非常准确，而且可以说是保密的：只有恰当的接收者才能读到信。也就是说，5-羟色胺只与 5-羟色胺受体相结合。接收者并不会把信息保留下来，信件被拆开和阅读之后，会被送回航道，即突触间隙中。与此同时，发送神经元已经通过航道发出了更多信件，因此某个时刻会有太多船漂浮在航道里，也就是有太多的 5-羟色胺。当发生这种情况时，那些多余的船必须被清理掉，因为整个系统要保持平衡。

航道中的 5-羟色胺会通过两种方法被清理，以保持平衡。第一种是通过酶的降解作用。依然用航海来比喻，想象这样的酶是鲨鱼，它们吃掉了漂浮的 5-羟色胺。其中一种鲨鱼就是臭名昭著的单胺氧化酶 A，它是一种主要的 5-羟色胺降解酶。用于维持较高 5-羟色胺水平的药物中，最初被开发出来的其实就是一种单胺氧化酶 A 抑制剂。

第二种方法是通过把 5-羟色胺送回来处，从而清理突触间隙，这类似于纸张再利用。这是通过神经元上的堤岸来实现的，它能够吸收多余的神经递质[38]。有这样一种堤岸，专门负责 5-羟色胺的“再摄取”：它是神经元外墙上的一种大型蛋白质，被称为 5-羟色胺转运体。很快它就成了提高 5-羟色胺水平的药物治疗的目标。一种新的药物迅速发展起来，那就是选择性 5-羟色胺再摄取抑制剂。百忧解诞生了，伴随着它在商业上的巨大成功，一大堆类似的药相继问世。像百忧解、左洛复、舍曲林或帕罗西汀这类药物的作用原理都是抑制 5-羟色胺转运体，以增加受体可获得的 5-羟色胺数量。

自从进入药物市场以来，选择性5-羟色胺再摄取抑制剂获得了令人瞩目的成功，至少从经济角度看是这样。30多种抗抑郁剂被生产出来。美国是抗抑郁剂消费量最大的国家之一，单单在美国，2011年开出的抗抑郁剂处方就超过了2.5亿，比2011年多了1亿多[39]。这些惊人的数字对应的销售额为250亿美元。

然而如果考虑到全球抑郁症的高发率，这些药物经济的成功与人们心理健康的整体改善情况并不匹配。在欧洲，所有疾病中造成代价最大的疾病就是精神疾病[40]。

5-羟色胺缺乏是导致情绪低落的原因这个假设并没有得到证实，而且有关这个问题的研究结果依然存在着争议。除了我所描述的这一连串反应的大致过程和起始阶段，抗抑郁剂发挥作用的分子机制还没有完全被人们了解。我们对5-羟色胺如何完成了它在突触中的作用已经有了比较清楚的认识，但对于这种机制如何将信息转化为细胞事件和情绪的改变、什么使得药物产生效果，我们的知识还很不完备。几十年来，制药公司无视这些局限，只用简单好记的口号告诉我们：5-羟色胺越多，你的感觉越棒。针对消费者的广告正在持续使用这种简单的等式对普通大众“解释”这些神经科学家尚未解决的复杂科学问题[41]。

2012年，制药公司葛兰素史克（GlaxoSmithKline）贿赂医生，让他们赞同给儿童和青少年开具抗抑郁剂帕罗西汀，并继续执行这种行为，尽管实验显示这种药只对成人有效，给儿童和青少年使用会增加他们自杀的风险。事发之后，该公司被处以重罚[42]。

2008年2月，当科学报告对抗抑郁剂的效果提出质疑时，抗抑郁剂的制造者和消费者都大吃一惊。报告调查了来自临床实验的大量数据，包括尚未发表的数据。这些数据被提交给美国食品与药品管理局（FDA），目的是获得对选择性5-羟色胺再摄取抑制剂的批准。数据比较了药物和安慰剂对抑郁症患者的作用。简言之，报告得出的结论是对于治疗轻微或中度抑郁症患者，处方药的效果并不比安慰剂更好[43]。这个结论引发了一片惊慌和沮丧，尤其是那些从抗抑郁剂中获得安慰和用抗抑郁剂支撑正常生活的人。结果证明，他们服用的药物其实并不比糖丸更有效。在过去5年，一些大型制药公司减少了对心理健康药物的投入，开始寻找新的方向[44]。

抑郁症状达到什么程度的人适合使用抗抑郁剂仍是一个存在争议的问题，诊断患者是否有病也是一样。我绝不是说抗抑郁剂完全无效或者不应该给患者开抗抑郁剂，显然有些人从中获益良多。然而消费数字显示，开抗抑郁剂太容易了，把悲痛作为一个专门的诊断分类显然不会阻挡这种趋势。我们应该记住，抑郁症不只与5-羟色胺的新陈代谢有关。应该寻找包含不同分子和其他神经化学通路的新药物[45]。

古老的疗法

当我沿着从小长大的西西里岛海岸散步时，尤其是独自一人的时候，我常会想数千年前谁曾在相同的海岸上走过。西西里岛曾是许多伟大文明的交岔路口，是许多战争发生的舞台，也是伟大思想和杰出艺术的摇篮。阿基米德一定曾在离我散步的地方不远处大步走过，他是数学家兼思想家，他的惊叹“我想出来啦”几乎无人不知。现在每当有人想出好点子时，难免会再次提起这个故事。

公元前5世纪，一位著名的来访者从雅典来到这里的海滩。他就是著名的内科医生希波克拉底，他被认为是医学之父，也一定知道如何治愈悲伤。

今天我们用大脑中神经递质的不平衡来解释悲痛、难过和抑郁，追溯到希波克拉底的时代，它们是另一种不平衡的结果。希波克拉底从体液的角度来理解情绪和行为。体液（humour）这个词源自希腊语，字面的意思是液体。古希腊人的基本观点是：在人体里流动着四种液体，每一种具有不同的性质，共同构建了我们的身体健康和心理健康[46]。这四种体液是黏液、血液、黄胆汁和黑胆汁。它们从哪儿来？宇宙基本元素分别是水、空气、火和土，而它们就是宇宙基本元素的派生物。体液被认为是胃中消化过程的副产品，在肝脏中被加工，在血液中被进一步提纯，身体的各个部分都浸润其中，包括大脑。希波克拉底认为大脑的主要作用是决定健康，调节感觉、想法和情绪：

> 快乐、欢笑、悲痛、焦虑和眼泪都源自大脑。它是使我们能够思考、看见和听见的器官，还使我们能够分辨美丑、善恶、快乐与不快……大脑也是疯狂和恐惧的所在地，恐惧常常在夜晚侵袭我们，有时也会发生在白天[47]。

我们不知道体液的具体样子，但它们存在于身体释放出来的可见的液体中。体液中所谓的血液是动脉和静脉中血液循环的一部分；黏液存在于鼻涕、眼泪的黏液中；黄胆汁藏在浓汁和呕吐物中；黑胆汁被认为是凝结的血液或黑色呕吐物的一部分。在希波克拉底看来，每个人都有自己的体液环境，人之所以生病是因为体液平衡被扰乱和改变了，因此治疗方法为尝试恢复这种平衡，回归最初的平衡状态，因为只要达到平衡，就能获得健康。各种体液的浓度和所占比例决定了一个人的行为、性格和情绪。大致说来，过量的黏液会使人冷淡、迟钝以及平和；过多的黄胆汁会造成脾气暴躁；过多的血液会使人乐观、充满希望；过多的黑胆汁使人忧郁、情绪低落。

体液最令人着迷的一个方面是它们被认为存在于和外部世界持续不断的

对话中，存在于对外部世界的反思中。身体内部的微观世界反映了外部的宏观世界和宇宙秩序。希波克拉底将体液与四季、人生阶段匹配起来。血液对应着春季和童年，黄胆汁对应着夏季和青少年时期，黑胆汁对应着忧郁的秋季和人生的成熟期，黏液对应着冬季和老年。个体的体液对环境比较敏感。外界温度和季节会影响体液的构成，冷热和干湿条件会影响体液的整体平衡，从而影响情绪。例如，在干燥炎热的夏季，黄胆汁丰盛；在潮湿寒冷的冬季，黑胆汁比较多（见图 4-3）。希波克拉底明确提出了这些不平衡如何影响着大脑。

> 大脑会受到黏液和胆汁的侵袭，造成两种类型的障碍，它们各自的特点如下：黏液导致的疯子很安静，不会大喊大叫，也不制造混乱；而胆汁导致的疯子会大喊大叫，搞恶作剧，不能老老实实待着，总是捣乱[48]。

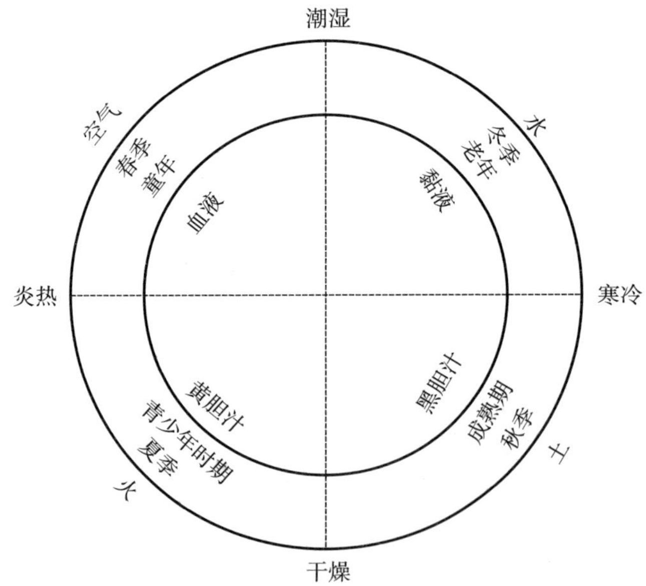

图 4-3　4 种体液和它们对应的 4 种元素、季节、人生阶段

资料来源：Diagram adapted from Arikaha, 2007

由于体液的产生需要胃中消化过程释放的热量，因此体液对个体的饮食也会有所反应。

因为希波克拉底的权威性，体液理论在一千多年里都被人奉为圭臬，至少在启蒙运动之前，治疗师、哲学家、医生都信奉它。在中世纪和文艺复兴时期，这条理论盛行于罗马、阿拉伯和欧洲的医学界。

在体液理论框架中，悲痛和难过属于情绪低落，因此它们是由过多的黑胆汁造成的。这会导致意志消沉、沮丧、厌食、失眠、自杀倾向等症状，这与现代抑郁症的诊断标准很相似，也类似于此前抑郁疾病的症状，比如弗洛伊德提出的忧郁症。一些古老的医学典籍认为悲痛是外部事件引起的情绪反应，比如与所爱之人分离[49]。

总之，这类事件会导致个体内在生命热力减退。典籍提供了一些处方，推荐了一些治疗方法，包括从锻炼到特定食物原料等针对身体的方法。最重要的推荐做法是保持身体温暖，保持热量供应，对抗黑胆汁的干冷，比如经常洗温水澡。还有对饮食的建议，比如莴苣、鸡蛋、鱼和成熟的水果都有助于缓解忧郁的情绪。忧郁者应该避免酸的食物，比如醋。忧郁者理想的一天应该包括散步、锻炼、用紫罗兰油按摩、听音乐、读诗和背诵圣贤们的故事[50]。

如今，古老的体液理论被认为不足以解释我们情绪和行为的变化。然而，如今的神经递质、电冲动和几千年前的体液如出一辙。体液理论的传统和忧郁类型在历史上的反复出现提醒着我们，悲伤、悲痛和抑郁始终存在。抑郁症、延长哀伤障碍和忧郁都是相同的情绪，只是用不同的词语来表示。我并没有说我们应该赞同体液理论，也没有说我们应该放弃对悲伤的分子基础进行神经科学研究。但是鉴于目前诊断系统存在的问题、症状的多样性、精神疾病背后的生物学因素和致病原因的多重性，再加上对目前治疗方法有效性的不确定，在用更广泛的方法治疗患者方面依然存在着空间，尤其是对受悲痛折磨的患者。尽管希波克拉底认为大脑是个人情绪和气质的重要中枢，但他的治疗方法针对患者的全身，非常重视每个患者病症的独特性。

《柳叶刀》上的一篇社论慷慨激昂地反对延长哀伤障碍这个分类，指出了过度诊断、过度用药的风险，认为治疗丧亲者的医生最好给予患者时间、同情和缅怀，而不是提供快速开发出来的人工合成的精神类药物[51]。这种观点与古代的医学疗法差异并不大，符合希波克拉底的医学实践原则之一，即“不要伤害患者”。

尾声

卡伦·布利克（Karen Blixen）在其署名伊萨克·迪内森（Isak Dinesen）的著作《七个哥特故事》（*The Deluge at Norderney*）中写道：“任何疾病的疗法都在盐水中：汗水、泪水或海水。”从这句话中我们可以获得信心和保证。我们付出的努力都会获得回报。痛快地大哭一场会让我们感觉好很多。我们可以从广阔大海的平静中汲取力量。

眺望大海是滋养心灵的活动。每当我回到西西里岛看望外祖母，回到我儿时度过每个夏天的地方，就会重新获得安慰和活力。我向南走到岛的一端，惊叹那里的美景。我特意计算了自己的行程，以便在日落时到达。当我还是个孩子时，已经学会了基本的地理知识，知道地球、月球和宇宙的运转方式，我发现如果绕过岛的这一端向西走，那么原本从东海岸升起、落到山后面的太阳，就会在大海上落下。这真的很神奇。我想每天都来这里，因为感觉我好像把世界颠倒了。这个惯例以及视角的改变让我很开心。

太阳落山时人会想睡觉，这对忧郁的情绪特别有好处。黄昏时分，忧郁呈现出最宜人的形式。它属于傍晚。阳光像一只刷子，轻轻地给一切都刷上了黄昏的色彩。有人说向西看就像在寻找永生。当我盯着地平线的最远处时，会想起外祖父，寻找着他那艘小船的尾迹。死亡最本质、最强有力、最邪恶的性质就是它的不可逆性。生命就像蜡烛，只会越烧越短，最后什么也留不住。

在朋友家我发现一首罗伯特·平斯基（Robert Pinsky）写的诗[52]：

> 你不能说每个人都不会真正逝去：他们当然会离开人世……
>
> 但奇怪的是，他们就像手中的物品，真真切切地存在于我们心里。
>
> 它带来的不是慰藉，而是悲痛。

我的外祖父去世了，这真令人难过，如果他还活着，每当外祖母不高兴时，他一定会给予安慰。现在外祖母失去了这个人。她需要让外祖父在她的记忆里复活，填补那空虚的记忆。对于外祖父，对于其他逝去的人，我也是这样做的。

5°C

共情：帷幕后的真相

认为灵魂和身体不一样的人，既无法拥有灵魂，也无法拥有身体。

——奥斯卡·王尔德

因此我最希望你有戏剧感；
只有那些热爱并了解幻想的人才能走得远。

——威斯坦·休·奥登

H O W W E F E E L 

当钟声响过三遍，灯光徐徐暗下来。

“请坐在您的座位上，记得关闭手机，演出即将开始。”我们听到和蔼的声音说道。

接下来你会听到人们在座位上挪动，找到最舒服的位置，做好准备。演出开始前会有一些低语声，最后是嘘声。

每个人都屏住呼吸。戏剧是一种仪式，诞生与改变的仪式。每天晚上的每场表演都会发展成全新的表演，虽然剧目是相同的。

我在观众席上看朋友本·克里斯特尔（Ben Crystal）的演出，他演的是哈姆雷特。现在他可能正在舞台侧面的阴影里候场。每次去看本的表演的时候，我一直想知道，在即将开始演出第一场的时候，他在干什么？

是不耐烦地走来走去吗？是在努力记台词，还是在自言自语地嘟囔着费解的韵文？他能看见我正坐在第二排吗？

如果对观众来说，演出的开始标志着进入一个新维度，那么对演员来说，走入灯光一定就是一个转变的仪式，是世界之间的交叉点。根据本的心理状态不同，踏上舞台的第一步有时感觉像羽毛一样轻盈，有时像石头一样沉重。我猜想后一种情况更适合演哈姆雷特。忧郁是哈姆雷特的精髓，这是他的狡黠和痛苦的来源。无论是哪种情况，对本来说，走上舞台都类似于拔锚，这个锚把他系在了他的本性上，而表演是他的第二天性。

当他一出现，每个人的注意力都被他吸引了。“超乎寻常的亲族，漠不相关的路人。”第一句台词说得掷地有声，声音传出去很远。

第二幕的一段台词深深地吸引了我，因为它很激烈，强有力地揭示了表演和戏剧真正的核心。哈姆雷特从死去父亲的鬼魂那里得知杀死父亲的正是父亲的弟弟，他的叔叔克劳狄斯。哈姆雷特感到很困惑，他的悲痛通过强烈的愤慨发泄出来。哈姆雷特很痛苦，不能为父亲报仇让他痛苦不堪。哈姆雷特安排戏班的演员表演《贡扎古之死》(*The Murder of Gonzago*)，并且加上了他写的几句台词，影射他父亲的死，以此测试克劳狄斯对这出戏的反应，验证他是否犯下了杀兄之罪。他让一位演员背诵赫卡柏悼念亡夫特洛伊国王普里阿摩斯的台词。演员充满激情的表演让他惊叹不已。虚构的情感怎么会如此有感染力，而相比之下，哈姆雷特真实的悲伤却是如此脆弱，如此无助？

“赫卡柏对他有什么相干，他对赫卡柏又有什么相干？”哈姆雷特问。演员怎么可能只通过想象悲痛就惟妙惟肖地表演出忧郁的表情、苍白的面孔、流泪的双眼和哽咽的声音？赫卡柏只是来自遥远地方、遥远年代的女人。如果演员碰巧有哈姆雷特那样的悲伤理由，那他会怎么表演？哈姆雷特认为他的情感会被放大。

但是哈姆雷特似乎无法控制好自己的情绪，以便为父亲报仇。

在听着这个人在我面前哀叹他的孤独无助时，我真切地感受到了这种强烈的情感。它们体现在表演的微小细节和通过熟练技巧说出的台词中，绝望的韵文穿过舞台前灯，向我袭来。虽然我坐在那里，一动不动，但身体里有什么在搅动。我感觉受到了重重一击。只经过一重人际交互，我立即感受到了赫卡柏、演员和哈姆雷特的悲痛。

不知不觉中，我看到的不再是本，而是丹麦王子。

在这些具有催眠作用的时刻，我忘了自己在哪儿。正是在这种幻想的状态下，我希望那些时刻永远持续下去，表演永远不会结束。

H O W W E F E E L

舞台上的魔法

那些依然持有身心分离二元论的人在看到这样的舞台表演时应该会摈弃类似的理论。观看舞台表演会使人们意识到身体、智力和我们所说的意识、情感都和谐地整合在一起。在《人和动物的感情表达》的结束页，达尔文承认戏剧能够有效地引发情绪："即使对情绪的模拟也会唤起我们内心的相同情绪。"[1] 为了支持这一论断，他回忆了哈姆雷特如何惊叹于演员制造情绪的能力。

达尔文对面部表情和相应情绪细致生动的描述构成了演员丰富的资源。而且达尔文还引用了莎士比亚的戏剧来证明自己的观察发现，称赞莎士比亚

“非常擅长判断情绪，深谙人类心理”。达尔文在描述恐惧时，引用了布鲁图在看到恺撒大帝的鬼魂时的反应：“你是神、是天使还是魔鬼？你让我的血液变冷，头发倒竖。”[2] 为了证明他对愤怒的观察，达尔文引用了亨利五世给士兵们做的战斗演说，他激励士兵们“绷紧肌肉，鼓起热血……咬紧牙关，张大鼻孔”[3]。当写到耸肩时，他提到了《威尼斯商人》中的夏洛克[4]。戏剧就像一个棱镜，透过它，光被散射成情绪的彩虹。

戏剧是如何施展有魔力的符咒的？在舞台上被演绎出来的故事怎么会有如此深深打动观众、扰动情绪的力量？

在黑暗的剧场中，我们参与了积极的情感交换。我们进入故事中，感受主角的困境。我们怀着独特的愿望和意图，体验着虚构人物的人生沉浮，意识到这些愿望和意图常常是互相冲突的。通过这样做，我们更加了解了自己的情绪。通过观看舞台上他人生活的缩影，我们看到了自己会发生什么，了解了我们自己的世界[5]。这使我们有机会对人物角色产生共情，理解他们在经历什么。

英语单词“empathy”（共情）最早出现在 1909 年，它是从德语“Einfühlung”翻译而来，由德国哲学家罗伯特·费舍尔（Robert Vischer）引入，意思是“融入的感受”[6]。费舍尔最初谈到共情时，指的是审美体验的心理方面，探讨了观察者如何感知和领会他们所欣赏的艺术作品。在绘画、雕塑或其他类型的艺术作品面前，观看者会对其产生共情或与之融合，就像我在罗马的艺术馆里被卡拉瓦乔的绘画深深吸引一样[7]。

一段时间之后，“共情”这个词不再仅仅用于解释人类与无生命物体之间的关系，还被用来描述人们如何本能地理解其他人的心理状态。

共情使得各种情感在人与人之间回荡。它是识别他人所思、所感，并以似的情感状态做出回应的能力[8]。

共情是社会生活的支柱。它本质上需要与他人互动，无论是在思想中还是在行动中。它有传播快乐、欢笑的力量，也有助于缓解艰难的处境，比如减轻消极情绪。如果与他人分担焦虑、内疚、悲伤和绝望，这些消极情绪多少会得到缓解。共情就像一条看不见的纽带，能够把我们和他人联结在一起，使我们和他们之间的界线变得模糊，比如在本的表演中，我和哈姆雷特之间的界线。

在本章中，我会把戏剧作为工具，从而理解共情，理解情绪如何被感知和交流。首先我会介绍被科学家认为用来调节共情反应的大脑机制，以及这些大脑机制是如何被发现的。接下来我会探讨演员与观众之间关系的动态，以及演员如何用情绪对观众“施魔法”。最后，我会谈到在被虚构的故事吸引时，当我们神奇地转移到想象人物的世界中时，大脑是如何区分现实、虚构和大脑中发生的事情的[9]。

情绪的镜子

西班牙神经科学家圣地亚哥·拉蒙 - 卡哈尔（Santiago Ramon y Cajal）写道：“人类的大脑就像沙漠中的棕榈树，通过远距离授粉。”[10] 这真令人着迷，他应该是这一主张的创始人，他的著作为理解神经元如何建立连接铺平了道路。幸亏有意大利科学家卡米洛·高尔基（Camillo Golgi）发明的银染色技术，卡哈尔得以证明神经系统的构造不像当时普遍认为的那样，是神经元彼此紧挨在一起形成神经束，而是神经元彼此分离，通过分支互相连接。共情当然需要这些神经元连接。

“镜像神经元”① 被发现之后，出现了理解共情的新框架。镜像神经元彻底改变了我们对我们与他人情感联系的认识[11]。这个发现很重要、很轰动，而且它还是个偶然的发现。20 世纪 80 年代，在意大利帕尔马市，贾科莫·里佐拉蒂（Giacomo Rizzolatti）、维托里奥·加莱塞（Vittorio Gallese）和同事们在研究哪个脑区与动作执行有关。他们注意到，当猕猴做简单的动作，比如伸爪子够食物或抓花生时，其运动前区皮层某个被称为 F5 区的区域中的神经元会放电。但是只有当动作涉及动作者和动作对象之间的互动时，F5 区的神经元才会被激活。如果动作没有特定的目标或意图，这些神经元就不会被激活。只是毫无目的地移动手臂并不能激活这些神经元，设备也不会探测到任何改变。

为了深化他们的发现，这些研究者在 20 世纪 90 年代中期在猴子大脑中植入了电极，记录当他们把不同物体递给猴子时，F5 区中单个运动神经元的活动。观察到的情况让他们大吃一惊。当他们抓取物体递给猴子时，电极显示了神经元的活动。让研究者感到惊愕的是，记录到的活动来自猴子自己抓取相同物体时被激活的那些神经元。也就是说，观察一个行为时的神经元活动与做出同样行为时的神经元活动相同[12]。

这些结果非常令人激动，因为在那之前，科学家一直认为 F5 区只与运动功能有关。相反，新发现的镜像神经元表现出了运动和知觉能力。当猴子看到一个动作时，哪怕它没有为了产生这个动作而活动任何一块肌肉，它的镜像运动 - 知觉系统也会被激活，就好像猴子在做它所看到的动作。换言之，大脑模拟了动作[13]。从猴子实验中获得了这个令人激动的发现后，每个人都在问：人类也有镜像神经元吗？

① 关于镜像神经元的发现和理论的更详细探讨，可以参阅《神秘的镜像神经元》，中文简体字版已由湛庐文化策划、浙江人民出版社出版。——编者注

在人类大脑中植入电极以探测单个神经元的活动肯定不可行。可以对人类使用的是非侵入性的技术，比如功能性磁共振成像。功能性磁共振成像探测的不是单个神经元的活动，而是整个大脑的血流，因此功能性磁共振成像数据能够揭示在观察和执行动作时，哪个脑区比较活跃，从而可能具有镜像功能。这就是为什么对于人类你只能说“镜像神经元系统”，而不是单个镜像神经元。

对人类进行的最早的镜像神经元研究之一让被试观察实验者做手指动作，然后模仿这些动作。结果显示有两个皮层区域存在镜像功能[14]。其中一个位于大脑靠前的部分，包括额下回（IFG，见图 5-1）和相邻的腹侧前运动皮层（PMC）。另一个区域位于比较靠后的位置，它是顶下小叶（IPL），这个脑区被认为相当于猴子的 F5 区。

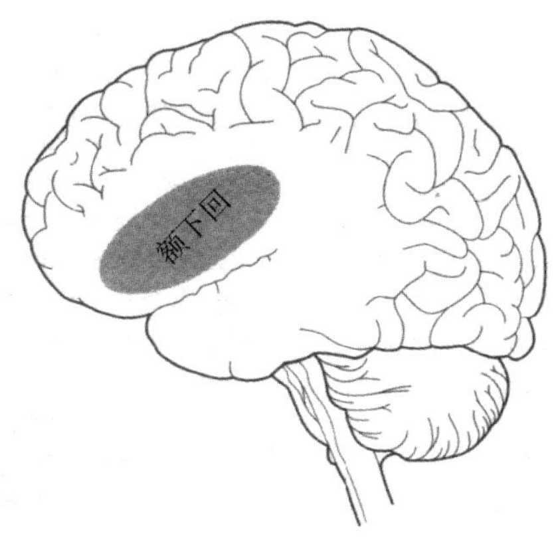

图 5-1　额下回

额下回位于布洛卡区，布洛卡区是大脑中主要的语言区。这说明镜像神经元系统在演化上可能是语言的神经机制的前身。说到演化，额下回似乎发展出了对不同情绪感同身受的通用机制。一项研究测试了对快乐、愤怒、厌恶和悲伤这四种基本情绪进行反应的脑区，结果显示，额下回的激活程度与被试对这些情绪的共鸣程度均呈正相关[15]。

因此镜像神经元本质上给了我们第二双更直觉性的眼睛，使我们能更快捷地理解我们所看到的行为。镜像神经元使我们能够在大脑中模拟我们观察到的行为，从而理解它。我们内心里知道别人在做什么。

这个想法很快使研究者相信，镜像神经元在感知和模拟简单行为中的作用，只是我们用来理解和感受彼此情绪的一个演化程度更高的镜像系统中很小的一部分。我们必须揭示它。情绪具有感染性。很多时候我们发现当别人痛哭、微笑或大笑时，我们自己也会这样做。不仅在剧院里，而且在各种日常社会互动中。

最早研究人类镜像神经元的共情作用的研究之一采用的是观察和模仿面部表情的范式[16]。研究让被试先观察 6 种主要情绪的面部表情：快乐、悲伤、愤怒、吃惊、厌恶和恐惧，然后对其进行模仿。无论在观察时还是在模仿时，镜像网络都会做出反应，尤其是在模仿时。此外，杏仁核也参与其中。这揭示了人类镜像系统与边缘系统的联系。从解剖学上看，这种联系是通过被称为脑岛的脑区实现的，在观察和模仿动作的过程中，脑岛也被激活了。

研究者进一步研究了我们如何对他人的各种情绪感同身受。一项研究先让被试亲自吸入难闻的气味，然后观看影片中的演员厌恶地皱着面孔，并在这两种情况下对被试进行脑扫描。无论是自己感到厌恶，还是看到别人的厌恶表情，被试的脑岛都被激活了[17]。更有趣的是，研究者对“触觉”共情，也就是我们看到其他人被触摸时的反应进行了研究。我们会觉得自己也被触摸了吗？是的。结果显示，当被试的腿被轻轻触碰时和他们看到视频中其他人的相同部位被触碰时，都会引起相同脑区的激活[18]。最近的另一项研究显示，看别人打哈欠也会激活镜像神经系统[19]。

在互动中表演

镜像神经元的强大作用在戏剧世界中产生了广泛的共鸣，因为它为探究观众如何心照不宣地理解演员的表演提供了新理论。

演员和观众之间的关系确实是戏剧存在的目的和理由。在观看表演时，我们整个身体都投入眼前的剧情中。在看到可怕的暴力行为或令人厌恶的事物时，我们会蜷缩起来；在面对剧中的悬念或可能出现的危险时，我们的内脏会收缩；在看到英雄主义的感人行为或生离死别的伤心场面时，我们会起一身鸡皮疙瘩。舞台上的爱抚和亲吻也会使我们感同身受。当戏剧冲突得到解决，舞台上一片和谐时，我们的皮肤和神经也会放松下来。在观看戏剧时，镜像神经元一直在工作。

演员与观众的关系具有渗透性，双方都有所收获。演员在剧场中传播情绪，反过来，观众给演员提供情绪反馈。

杰出的戏剧导演彼得·布鲁克（Peter Brook）讲述了一个能够证明不同的观众对表演的品质和要旨产生影响的故事[20]。1962 年，他和皇家莎士比亚剧团（Royal Shakespeare Company）共同创作了《李尔王》，在欧洲各地巡演。一场接一场的演出之后，戏剧的品质不断提高，在布达佩斯和莫斯科达到了顶峰。令布鲁克着迷的是，对英语知之甚少的观众为什么会对演员产生如此积极而深远的影响。当时西欧和东欧处于截然分离的状态。布鲁克把观众的反应归因于对戏剧本身的欣赏，也归因于与外国人互动的真诚愿望。这些因素混合在一起，通过静默和专注表现出来，它们影响着表演，“好像给演出打上了明亮的光”。

巡演来到了美国，演员们很兴奋，充满了信心，因为他们终于可以把在欧洲积累的经验提供给说英语的观众了。在参加费城的演出时，布鲁克大吃一惊。与巡演的前几站相比，表演大失水准。演员与观众之间的联系发生了巨大的改变。尽管美国观众完全能听懂英语台词，但他们不像欧洲观众那样完全融入剧情中。观众在打哈欠。与欧洲观众相比，他们的兴趣不同。对他们来说，这场表演只是《李尔王》的又一次演绎，他们来看表演可能只是出于习惯。作为观众，他们需要一些新意。演员没有忽视这些新观众的需求，采用了新的节奏。通过更招摇、更夸张的表演，演员强调了每一个感人的或戏剧性的情节。具有讽刺意味的是，所有令欧洲观众全神贯注且说英语的观众也会被吸引的大段台词都被一掠而过。

观众很活跃。虽然一方面这有可能干扰演员，比如发出噪声或者在意想不到的时候发出笑声，但另一方面观众的静默、专注或对情节的同步反应也会提升表演，使演员充满热情。

这类渗透性对话的质量还依赖于剧院的类型。在如今大多数的剧院里，舞台前灯会照得演员什么都看不见。他们看不到观众在做什么，也看不清他们的脸。大多数戏剧是在黑暗剧场里演出，这样能够制造气氛，诱导观众的想象。本告诉我，在黑暗中表演并非一直以来的传统，其实它只有大约200年的历史[21]。在伊丽莎白一世时代，观众与演员之间的联系是完全不同的，双方更靠近，照明情况也相同。在重建后的环球剧院里，演员能够看清观众的脸，可以直视观众的眼睛。这样他们就可以注意到观众对演出的反应，注意到他们的喜怒哀乐。

直接接触到观众的反应是否对演员有帮助取决于演员的技能和经验。彼得·布鲁克把观众称为“必须遗忘，又要时时记在心上的伙伴”。

是什么给予表演以情绪的力量？演员又是如何创造了这种力量呢？

演员的窍门

1895 年，剧作家乔治·萧伯纳见证了戏剧表演中不同寻常的事情。当时他在伦敦观看戏剧《玛格达》（*Magda*），这出戏剧是以剧中主角的名字来命名的。萧伯纳看剧那天，扮演主角的是非常有才华的意大利女演员埃莱奥诺拉·杜塞（Eleonora Duse）。

玛格达是一位大胆的年轻女性，她公开反对父亲，逃离了家乡市侩的环境，鼓起勇气尝试成为一名歌剧演员。在离开家乡期间，她和一个一起学戏剧的同学发生了感情，不久这个同学离开了她，让她独自抚养他们的孩子，事实上杜塞本人也有过类似的经历。玛格达成了一流的歌剧演员和单身妈妈后，非常思念自己的家乡，于是决定回家。她联系了自己的父亲，父亲同意让她回来。可是在童年的家里，一件出人意料的事在等着她。在回到家乡后不久，她发现家人的好朋友中竟然有一个是她孩子的父亲！在第三幕中，玛格达得知来访者正是自己的前情人。一开始，她似乎还能很好地应对与他的重逢。他们坐下来，诚恳地交谈着。萧伯纳在评论这出戏时写道，后来，可以看出杜塞（玛格达）“开始脸红了……红晕慢慢扩散、慢慢加深，在几次徒劳无益地试着转过脸或不让他看出自己脸红之后，玛格达放弃了，用手遮住了自己的脸”[22]。

埃莱奥诺拉·杜塞入戏非常深，她可以根据剧情需要而脸红。她的表演给萧伯纳留下了深刻的印象，他对杜塞表现尴尬和不适的能力感到吃惊：“我可以看得出来其中没有任何把戏，我认为这是戏剧想象的真实效果……必须承认我对这些表现是否总是自发产生的有着出于职业的好奇。”[23]

毋庸置疑，埃莱奥诺拉·杜塞才华横溢。在戏剧界她是轰动一时的人物，无论是在她的祖国意大利，还是在其他国家。她具有独特的诠释戏剧的能力，显然还拥有让萧伯纳感到震惊，但对她来说完全是与生俱来的罕见的戏剧真实性。

问题是，这种非常真实地表演出情绪细节的能力可以学到吗，或者可以传授吗？与杜塞在伦敦进行令人难忘的表演差不多同一时期，当杜塞继续统领着欧洲和美国的戏剧舞台时，一位雄心勃勃、很有才华的俄罗斯演员兼导演计划开办一所表演学校。他的真名叫康斯坦丁·阿列克谢耶夫（Constantin Alexeyev），但他的艺名康斯坦丁·斯坦尼斯拉夫斯基（Constantin Stanislavsky）更有名。1897 年，32 岁的斯坦尼斯拉夫斯基成立了历史上著名的莫斯科艺术剧院（Moscow Art Theater），这个剧院成了革命性表演方法的摇篮。

斯坦尼斯拉夫斯基创办剧院的时候正值科学界的观点发生令人激动的改变的时期。19 世纪末，科学心理学出现了，例如我在第 3 章中探讨的威廉·詹姆斯的理论。我们不清楚斯坦尼斯拉夫斯基读过什么科学出版物，但他对表演的看法随着时间的流逝而改变，受到了那个时代的科学的影响。最后，他把自己的想法归纳成了两本杰出的作品，它们是了解斯坦尼斯拉夫斯基对戏剧的伟大贡献的最佳读物，而且读起来非常有趣。

演员的情绪对观众有激发作用。斯坦尼斯拉夫斯基把这描述为“通过人类意志与情感的隐形辐射进行直接沟通所具有的不可抗拒性、感染性和力量……”他把这种辐射与用来催眠人或驯化野生动物的方法进行比较。他说：“演员也会用情绪的隐形辐射来充满整个礼堂。”[24]

在《演员的自我修养》中，斯坦尼斯拉夫斯基通过一位戏剧导演兼表演老师托斯托夫（Torstov）和他的学生的故事解释了表演技巧。故事由一系列事件构成，每个事件包括一堂莫斯科学校里的表演课[25]。

一天，托斯托夫来到剧院，发现全班同学都在寻找一个钱包。他让他们继续找，直到找到那个钱包。然后他让学生们再找一次，于是学生们把钱包放回刚才所在的地方，又开始找。但是第二次寻找行为没有说服力，没有了真的找东西时的那种专注和努力。学生们抗议说，第二次找之所以不真实，是因为他们已经知道钱包在哪儿，但托斯托夫坚持认为，既然他们是演员，就应该能够表演得令人信服。

“我们应该先做准备，进行排练，在生活中实践这个场景……”学生们提出反对。

“在生活中实践它？”托斯托夫说，“你们刚刚实践了啊！”[26]

在戏剧职业生涯的早期阶段，斯坦尼斯拉夫斯基坚持一条重要原则：他和他的学生必须充分体现角色。这条原则被简洁地总结为“彻底体验”（perezhivanie）。每个演员必须成为被分配到的那个人物。为了实现这种转化，演员必须“内在地”经历这个角色，感受自己所塑造的人物的情绪和感觉。

在莫斯科戏剧学校，一项核心技术是“情绪记忆”。斯坦尼斯拉夫斯基非常清楚地知道，虽然我们会遗忘事件的细节，但通常不会忘记与事件相关的情绪，恐惧、希望、快乐、内疚会被一一想起[27]。

这位俄罗斯导演让他的学生回忆个人经历，用这些记忆来塑造角色的情绪，他说这就像画家能够“画出自己见过，但已经不在人世的人”[28]。例如，如果学生需要表达悲痛，他们可以回忆失去好朋友时强烈的离愁别绪。

斯坦尼斯拉夫斯基不期望回想起来的情绪和过去经历的情绪一模一样。尽管他要求演员尽可能真诚，但也知道在舞台上回忆起来的情绪只是一种复制品。情绪稍纵即逝，像流星般一闪而过[29]。为了使学生的表演更生动，他要求学生除了自己的记忆之外，还要汲取各种资源，比如书籍、旅游、艺术、博物馆、与他人的对话，甚至科学。与个人相关的“建议、想法、熟悉的物品”都有助于他们回想起感受[30]，但不需要事无巨细。演员被要求运用想象选择最具艺术影响力的记忆，就是那些最“动人的”、与人物最相似的记忆。通过运用想象，汲取个人经历，演员需要将自己完全置身于他们扮演的人物所在的环境中。记忆比较久远并不是一个劣势。斯坦尼斯拉夫斯基说，时间是“伟大的艺术家”，它可以把“记忆变成诗歌”[31]。

在斯坦尼斯拉夫斯基职业生涯的晚期，他觉得作为演员兼戏剧指导，他的实践中缺失了一些东西，如何基于情绪记忆和想象来塑造角色的教学需要额外的架构。只是通过演员过去的经历来勾起情绪被证明并不是可靠的方法。他知道，如果演员花太长时间从内在塑造人物，他们会耗尽自身，忽视对表演中身体要素的打磨[32]。

斯坦尼斯拉夫斯基需要新的灵感来源。为此，他求助于科学。他受到 19 世纪和 20 世纪反射论者的影响，开始在表演方法上采用条件作用理论。斯坦尼斯拉夫斯基设法通过针对性的身体线索来有意识地触发演员的情绪表达。我们都知道，神经通路是复杂行为和情绪的基础，通过条件作用，行为可以是对变化环境的反应。不要忘了，我在第 3 章中介绍的巴甫洛夫的条件反射理论在当时的俄国占据着主导地位。

从某种意义上说，斯坦尼斯拉夫斯基成了舞台上的科学家。他意识到，通过选择和准备与剧中人物、环境的逻辑相关的主要身体行为，演员可以反射性地学会如何充分表现一种情绪的心理体验。换言之,身体行为是情绪的诱饵,是演员与角色之间的桥梁。他要求演员从完成一系列小的真实动作着手。

“如果整个表演规模太大,你无法驾驭的话,那么就把它拆开,”他说,“如果一个细节不足以让你的表演令人信服,那就添加其他细节,直到你把身体行为的大部分细节表演了出来,让你相信自己的表演很真实。”[33]

这样,一个行为可以被分解为很细小的身体表演部分,每个部分被尽可能真实地表演出来。某个姿势或动作会触发特定的目标情绪。因此,通过调整握紧拳头、绷紧脖子上的肌肉等微小的动作,演员可以激发出自己的愤怒情绪,或者通过拖着脚走路或肩膀下垂来表演绝望的情绪。身体成了传递情绪的主要工具。

斯坦尼斯拉夫斯基对学生还有其他要求。尽管他们知道舞台上的表演不是真的,但为了让观众信服这种表演,他们必须培养对自己的表演和动机的强烈信念。斯坦尼斯拉夫斯基说:“真实离不开信念,信念也离不开真实。”[34]舞台上发生的一切对演员本人来说必须令人信服。如果演员自己都不相信,那么观众便不会感到表演中充满了情感。在斯坦尼斯拉夫斯基看来,“为了真实而过度表演……是最糟糕的谎言”[35]。为了实现这一目的,他提出了一个根本性的问题:如果演员处于角色的情境中,他们会怎么做?演员很清楚自己不是哈姆雷特,但如果他是哈姆雷特,他会怎么做?这个“如果”的作用就是通过演员的想象,将他们自己置于角色的情境中。

演员必须通过练习不断打磨自己的技巧。所有的动作单元必须被反复练习和排练,直到它们被可靠地存放在演员的经验储备中,这是所有条件作用的必备要求。通过反复练习,身体学会了复制情绪。与从内部探寻人物的心理相反，身体体验由更具体且比较容易复制的部分构成，能够产生真实而充分的体验，甚至有可能促进肾上腺素的释放，在舞台上像埃莱奥诺拉·杜塞那样脸红。这就是斯坦尼斯拉夫斯基“通过有意识的技术实现无意识的创造”[36] 的方法。

表演的悖论

很多人都知道丹尼尔·戴·刘易斯（Daniel Day Lewis）会把一个角色的准备工作做到极致。他为角色做好准备的独特方法之一是禁止在拍摄影片期间打断人物的塑造。他完全沉浸在自己塑造的人物的生活中。为了拍摄《因爱之名》（*The Boxer*），他接受了一位拳击冠军的训练。为了拍摄《纽约黑帮》（*Gangs of New York*），他参加了屠宰课程。在《我的左脚》（*My Left Foot*）中他扮演一个脑瘫患者，在轮椅上度过了整个电影拍摄期，成功地学会了如何用脚趾换唱片。为了拍摄电影《因父之名》（*In the Name of the Father*），他住进了监狱。在扮演亚伯拉罕·林肯时，他的表演效果非常好，既动人又令人信服。据说甚至在拍片的空闲时间里，他也会使用为这个角色创造的口音和嗓音。

这种极其认真的准备可不是为了深入角色而采取的古怪方法。在探讨他的表演方法的一次采访中，刘易斯说为了忠于角色，他需要“创造某种环境……也许是适当的沉默、光线或噪音。只要是必要的事情都需要，而且它们总是不一样……”[37]

如果用斯坦尼斯拉夫斯基的话来解释，那就是构建适当的外部物理环境，这有助于支持对角色的全面体验。

杜塞以及其他像丹尼尔·戴·刘易斯这类表演天才的表演被人们赞为逼真可信的表演的典范。一般来说，真实可信的理念是戏剧和表演中一个危险的陷阱。我们期待表演像真的一样令人信服，但又知道它不是真的。演员也知道。每个演美狄亚的女演员都不会真的杀死自己的两个孩子，科林斯的宫殿也不会真的着火并被烧毁。但是美狄亚的仇恨和复仇之心却会让我们颤抖。我们害怕她，也对她被出卖时的感受感同身受。演员有可能完全沉浸在哈姆雷特复仇的怒火中，假装越来越想杀死叔叔克劳狄斯，但他不会真的想要杀死扮演他叔叔的同事。我们感受到了哈姆雷特强烈的仇恨，看到了他的复仇愿望愈演愈烈。怎么可能有东西既是真的，又是假的呢？

早在 18 世纪，法国哲学家兼剧作家德尼·狄德罗（Denis Diderot）就认识到了这个悖论。他在《演员的悖论》（*The Paradox of Acting*）中写道，演员所表演的情绪和观众所感知的情绪并不总是一样的[38]。为了真实，演员必须假装。换言之，为了表达情绪，用情绪抓住观众，演员必须什么都感觉不到。狄德罗认为，演员必须像一个“无动于衷、公正无私”的观察者。他把演员分成了两大类，一类依靠的是他所说的敏感性，另一类依靠的是智力。狄德罗所说的敏感性指的是发自内心地表演，他坚持认为，这类表演不是一成不变的。表演可能强劲有力，也可能虚弱无力；可能炽烈，也可能冷淡；可能沉闷，也可能卓越[39]。

相比起来，有些演员的表演来自思考，来自对人性的仔细探究，他们在每一次表演中都会始终如一，保持最好的状态。聪明的演员会在头脑中对整出戏进行思考、整合、学习和安排。他的激情有着确定的发展过程，有爆发，有反应，有开头、中间和结尾。在表演期间，他的口音和动作都会保持不变[40]。

“那么什么样的演员是伟大的演员呢？”狄德罗自问自答，“无论是在悲剧还是在喜剧中，把作者所写的台词演得能完全骗过你的演员。”[41]

比斯坦尼斯拉夫斯基早100多年，狄德罗便概括了俄国人的表演将会遇到的挑战，并且认识到在内部对人物进行充满激情的探索是有缺陷的，而更受演员控制的“科学的”表演方法则会被证明更可靠[42]。

在剧院里，当我们认为演员在自然地表达情绪时，其实他们在以最不自然的方式表达。当我们认为他们真情流露时，其实他们只是装得非常出色。这是具有欺骗性的了不起的虚构。

在舞台上，真与假同时发生，其中一个便是另一个的伪装。

斯坦尼斯拉夫斯基说：“真实感的内部包含着不真实的感觉。”[43]剧情中真实占主导还是虚假占主导取决于演员的技巧。我们可以被罗密欧的痛苦感动得落泪，也可能会对茂丘西奥的死感到愤慨。但是，虽然演员能够表现出这些情绪的生物学特征，比如面色苍白、大喊大叫，但并不一定能够感受到他所扮演的人物应该感受到的情绪。

狄德罗用了一个很好的例子来说明现实与虚构之间微妙差别的核心。真实生活事件引发的落泪和“动人的故事”引发的落泪有什么不同？哈姆雷特在听演员说完赫卡柏的台词后也提出了这个问题。

看到杰出的表演，“你的思想会被卷入，你的心会被触动，你的眼泪会流淌”。面对现实生活中的悲剧，“事件、情感和感触是一体的，你的心立即被触动了，你哭起来，你的头发晕，眼泪直流”。在真实生活事件中，眼泪突然从眼睛里溢出，而在表演中，眼泪是渐渐产生的[44]。

逼真表演的神奇之处或许在于，它缩小了两种显然相反的情感方式之间的差距。只要达到了理想的效果，使用什么方法并不重要。内在的人物性格塑造和非常详细的基本要素可以同时存在[45]。

丹尼尔·戴·刘易斯说："我承认所有必要的练习都是苦差事，但我非常喜欢，就像在土里刨啊刨，希望能发现宝石。我相信存在着将所有这一切连接在一起的秘密，我尽量不把它们分开。"[46]有些事情永远都会是神秘的。

现实还是虚构

从童年时起，我们每天都会接触到虚构的世界。在听童话故事、看书、玩电脑游戏、看电视广告和看电影时，我们会遇到虚构的故事。大脑一刻也不停歇，它忙着加工、整合所有这些信息，但它似乎有办法区分什么是真实的，什么是不真实的或虚构的。

德国吉森大学（Justus Liebig University of Giessen）的安娜·亚伯拉罕（Anna Abraham）博士对找到完成这种区分任务的神经网络一直很感兴趣。她想知道在真实的情境和完全虚构的情境中，大脑的加工机制是否不同。因此她设计了一个功能性磁共振成像实验，用来探究大脑对包含真实或虚构人物的情境的反应[47]。

实验者给被试看一句话的剧情描述，其中有一个名叫彼得的真实人物，他所处的情境会涉及乔治·布什或灰姑娘。在一种情境中，彼得只是得到有关乔治·布什和灰姑娘的信息，例如，彼得在收音机中听到，或在报纸上读到布什或灰姑娘的消息；在另一种情境中，彼得会与两个人物直接进行互动，要么和他们说话，要么和他们一起吃饭。被试需要做的事情很简单。他们需要判断剧情是否合理，也就是说，是否有可能在现实世界里发生。

显而易见，彼得很可能在收音机里听到有关两个人的事情，也有可能真的见到乔治·布什本人，但不可能和灰姑娘一起吃午餐，至少不是真的灰姑娘。

在评估这两种剧情时，大脑会如何工作？结果非常有趣。在两种情况下，大脑的某些部分都会出现一定程度的活动，比如海马。当我们回忆事实或事件时，海马就会发挥作用。无论剧情的性质是怎样的，也就是说，无论是只提供信息的（彼得听说有关这两个人物的消息），还是会有互动的（彼得真的见到这两个人物），海马的活动都会出现。然而，对于两种剧情，被试的大脑活动存在着一些显著的细微差异，这取决于涉及的人物类型。

在涉及乔治·布什，即著名的真实人物的剧情中，前内侧前额叶皮层（amPFC）、楔前叶和后扣带回（PCC）会变得活跃。正如我在第 1 章中解释的，前额叶皮层是大脑中一个非常奇妙的区域，具有多种功能，比如监控边缘系统，对短时记忆和注意力具有辅助作用。前内侧前额叶皮层和后扣带回位于大脑的中间部分，它们参与了自传体记忆的提取和自我指涉的思维。

当剧情涉及虚构的人物时，大脑的反应多少有些不同，额叶侧面的部分更加活跃，比如额下回（IFG）。额下回被认为提供了镜像能力，也与高水平的语言加工有关。与乔治·布什有关的剧情会引发个人记忆的提取，而与灰姑娘有关的剧情则不会，这使得研究者认为评估剧情真实与否时的重要差异不在于人物的真实程度，而在于他们与我们现实的相关性。

为了检验这个假设，他们测量了 19 个新被试的大脑。同之前的研究一样，这些被试要评估一个真实的主角想象、听说、梦到一些人物或与这些人物直接交往的可能性[48]。不过这次涉及的人物按照与被试的相关程度被分为三类：朋友或家人（高度相关）、名人（中度相关）和虚构人物（低相关）。如预期的那样，前额叶皮层和后扣带回的激活程度确实会根据人物的相关程度而进行相应调整。在家人和朋友的条件下，前额叶皮层和后扣带回最活跃；在虚构人物的条件下，它们的活跃程度最低。

研究者提供了以下解释。在真实人物的情况中，即使你从来没有见过对方，他们也会在你的概念存储中整合成一个全面、广泛、错综复杂的结构。你熟悉他们作为人类的基本行为特征，或多或少地知道他们如何思考，会形成什么样的看法。对于他们可能出现哪些情绪，你基本上心里有数。相比起来，你对虚构人物就没有那么熟悉了。无论你多么了解虚构人物的世界，始终会有对我们来说奇怪的、不可思议的事情。以哈利·波特为例，你可能看过全套《哈利·波特》，但相对于你对家人、朋友或真实的名人的了解，你对哈利·波特的了解，比如巫师的等级和霍格沃茨魔法学校，依然非常有限。因为家人、朋友和真实的名人已经成了你的即时或过去经验的一部分。

从根本上说，为了理解虚构的人物，你需要深挖自己的想象，因为他在你的网络中的参考节点比生活中真实或相关的人更少。虚构人物的这类参考节点在性质上也不同于真实人物。

在虚构人物的条件下，与语言加工相关的额下回等额叶区域变得活跃这一事实具有额外的意义。这些脑区不负责理解句法，而负责理解更复杂的语言构成，比如语义学，也就是词汇、象征和其他比较微妙的方面，比如比喻。在虚构人物的条件下，这些脑区选择性地被激活说明我们在忙着解释一个全新的世界，简单的句法不足以解释描述这个世界的词汇和符号。

亚伯拉罕和她的同事认为，这个实验提出了一个问题，那就是我们所说的真实意味着什么。真实性不只与表面上的真实或虚构有关。我们确实倾向于区分什么事物客观上是真实的，什么是虚构的，但差别是相当主观的。如果你生活在苏格兰，尤其是如果你住的地方靠近湖泊，那么对你来说尼斯湖水怪可能就算是真实的。

如果某事物与你相关，那么无论它客观上是真实的还是虚构的，你都会觉得它很真实。

姑且相信

在剧院里，真实与虚构的界限有了渗透性。

在整部剧演出期间，我不断在两个世界之间转换。一个是由布景和有血有肉的演员构成的物质世界，另一个是虚构的人物和故事构成的虚构世界。在剧院里时，我们看到有血有肉的演员，感知他们在舞台上的存在，听到他们的声音，如果坐在前排，甚至能感觉到他们呼出来的气、洒下的汗水。与此同时，在舞台的现实上还叠加着一个平行的现实，我们感知和想象着讲述的故事。布景可以变换成任何样子，从底比斯的宫殿、埃尔西诺的宫廷，到樱桃园、战场或某人的起居室。我们见到各种各样的人物，从而被引入他们的世界。有些是著名的历史人物，他们的人生沉浮被深深地镌刻在我们的文化背景中；有些是编造出来的人物，其中一些人物比另一些更现实，或者说更接近我们的世界、与我们的世界有更多关联。

哈姆雷特是丹麦王子。现实中也许确实有位丹麦王子名叫哈姆雷特，但剧中的王子是根据传说创造出来的，属于另一个历史时期。但是我们能够理解哈姆雷特的困境。相反，在迈克尔·弗莱恩（Michael Frayn）的戏剧《哥本哈根》（*Copenhagen*）中，我们看到尼尔斯·玻尔（Nils Bohr）和沃纳·海森堡（Werner Heisenberg）在舞台上的戏剧表达，他们是真正存在过的伟大物理学家。在《推销员之死》(*Death of a Salesman*)中，我们看到了一个中年人挣扎而绝望的灵魂，他的生活在一天中遭受了巨大的打击，而其他戏剧的时间跨度可能比这大得多。无论哪种情况，我们都应该跟随着故事，让自己暂时身处人物的世界中，与他们发生联系。

戏剧和虚构的表征长期以来采用一种技术来缩小观众与人物角色之间的距离：创造观众能够姑且相信的情境。

“姑且相信”(suspension of disbelief)这个短语最早是由塞缪尔·泰勒·柯尔律治(Samuel Taylor Coleridge)在 1817 年创造出来的。在浪漫诗中，柯尔律治采用了超自然的奇幻人物，那些理性的、受过教育的读者很难认同他们。为了保留写作中的奇幻元素，柯尔律治认为，通过在叙述中加入足够多的事实和当代的参照物，他可以帮助读者接受这个故事，而不是让他们批评这个故事不像真的。他请读者认识到人物的人情味和与事实的相似性，希望读者乐意姑且相信[49]。

除非你仍然相信巫师，否则在阅读 J. K. 罗琳的“哈利·波特”系列图书时，你也在姑且相信。这会让人度过令人愉快的时光！有时候戏剧中的姑且相信来自观众相信除了布景的三面墙之外，还有一面透明的墙，它将观众和舞台分隔开。在竖起这样一面墙后，戏剧就被隔绝在一个独立的箱子里。演员继续着剧情，就好像没人在观看，观众相信人物的世界是真实的，尽管这个世界是在舞台上演出来的。

在《亨利五世》的开场白中，莎士比亚请求观众原谅光秃秃的舞台，让他们把它想象成国王与法国大战的场景：

可是，在座的诸君，请原谅吧！

> 像咱们这样低微的小人物，
> 居然在这几块破板搭成的戏台上，也搬演什么轰轰烈烈的事迹。
> 难道说，这么一个“斗鸡场”容得下法兰西的万里江山？
> ……
> 发挥你们的想象力，来弥补我们的贫乏吧；
> ……
> 这也全靠你们的想象帮忙了……

想象能够使我们认可，然后忽视并不真实的对现实的幻想[50]。

姑且相信并不是戏剧界的普遍目标。20世纪伟大的德国剧作家贝托尔特·布莱希特（Bertolt Brecht）故意将这种策略倒转过来，对观众和演员之间的关系有着特殊的期望。布莱希特认为戏剧不应该强迫观众感同身受，他不喜欢观众被动地投入和相信舞台上演出的故事，对他那个时代的大多数传统戏剧感到失望。他曾挑衅地说，传统戏剧把观众变成了“一群被吓傻了的、被催眠的、容易轻信的人”，甚至说“观众把脑子连同大衣一起挂在了衣帽间”[51]。

相反，他会确保他的观众时不时从剧情中脱离出来。贝托尔特·布莱希特引入了一种叫“间离”（德文是verfremdungseffekt）的戏剧技术。他希望观众打破第四面墙，意识到自己在看虚构的故事，而不是真实的生活事件。

正如我在本章开篇提到的，戏剧是描绘我们所生活的世界的强大工具。我们可以用它来抨击社会问题，有时是以讽刺的方式。布莱希特革命性的舞台技术的最终目的是使观众能够批评性地质疑戏剧中表征的社会现实，以新的眼光来看待它们。他鼓励不同的意见，鼓励对剧情进行自由的评判。例如，针对希特勒入侵波兰，布莱希特创作了《大胆妈妈和她的孩子们》（*Mother Courage and Her Children*)，剧情被设定在三十年战争期间[①]，以谴责法西斯主义和纳粹主义的抬头。

布莱希特用来解释戏剧流的某些元素很简单。例如，他让演员站在舞台上一块空白招贴的旁边，甚至没有最基本的舞台布景，以此提醒观众他们是在剧院里。他还让演员脱离开人物角色唱歌，或者直接对观众说出一段不属于剧情主体的台词。有时候他会把礼堂里的灯光调亮。总之，这些做法都会暂时使观众从故事中跳出来，脱离做梦一样的状态，评判戏剧人物所处的社会现实。在布莱希特的戏剧中，人物不完全是或不总是他们被设定成的人。换言之，演员与他们扮演的角色是分离的。

尽管间离效果中断了戏剧流，但布莱希特并非希望不出现情绪转移。如果在逼真的戏剧中，情绪的转移是通过演员和人物的重叠来实现的，那么在布莱希特的戏剧中，这是通过演员和人物的背离来实现的。

在过去 100 年里，戏剧摆脱了传统剧本创作和舞台演出规则的限制，比如因果线性、情节、合理的人物。由声音、图像、动作和灯光构成的碎片化的情节不需要依附于一个现实的故事，它们用充满诗意的比喻和象征同样可以激发强烈的情绪。演出空间的选择也变得非常重要，传统的四面墙通常被弃之不用。讲述故事的地方可以是私密的小房间，也可以是非常大的圆形舞台，可以跨越多个房间，还可以让演出空间本身成为戏剧意义或内容的一个很好的比喻。情绪不只是通过言语讲述和故事表演来实现在剧场中的流动的。

2010 年 3 月至 5 月的整整三个月里，广受赞誉的艺术家、“行为艺术的老奶奶”玛丽娜·阿布拉莫维奇（Marina Abramovic）每天在纽约现代艺术博物

① 三十年战争是由神圣罗马帝国的内战演变而成的全欧参与的一次大规模国际战争，也是历史上第一次全欧大战。——译者注

馆一个大房间中央的一把椅子上坐 7 个半小时。这件作品的名称是《凝视玛丽娜》(*The Artist Is Present*)，是阿布拉莫维奇回顾展中的一件重要作品。在她面前有另外一把椅子，参观者一个接一个坐在那把椅子上，面对她的凝视。每次相遇都是独一无二的，但遵循着简单的仪式：当参观者从椅子上站起来时，玛丽娜会闭上眼睛，微微低下头，等待下一位参观者。当下一位参观者一坐到椅子上，她就会慢慢抬起头，盯着对方的眼睛。在三个月里，她凝视了 1 565 位参观者。很多人感到奇怪：那里发生了什么事情？她的目的是什么？那是戏剧吗？

在展出后的采访中，阿布拉莫维奇解答了这个问题，坚决地表达了对戏剧的厌恶，因为戏剧是假的："作为一名行为艺术家，你必须痛恨戏剧。戏剧是虚构的故事。那是一个黑箱子，你买张票，坐在黑暗中，看着某人表演其他人的生活。刀不是真刀，血不是真血，情感也不是真的。行为艺术正相反：刀是真的，血是真的，情感也是真的。这是非常不同的概念，行为艺术涉及真实的现实。"[52]

阿布拉莫维奇从个人经历出发讲了这段话。她曾用真刀在观众面前刺破自己的皮肤，而且有几次冒着生命危险完成表演。

但是戏剧不只是假的，它是真与假的混合体。我们可以说阿布拉莫维奇的表演也是如此。我们知道一整天坐在纽约现代艺术博物馆的椅子上的人是艺术家玛丽娜·阿布拉莫维奇，但在她表演期间，我们的想象并没有关闭。那个人可能只是一个角色，一个有着漂亮的长发、穿着红色长袍、神秘而富有魅力、一言不发的女人。这样一个女人选择在房间里坐三个月虽然并不常见，但似乎也讲得通。玛丽娜与观众的碰面是一种正面交流，观众可以在现实的两个平面之间不断转换。剧院里通常也会发生这种情况。正如我在前文中解释的，作为人类，我们天生有能力区分真与假、现实与想象。

无论你是否把阿布拉莫维奇勇敢而优雅的表演称为戏剧，在两把椅子之间肯定发生了共情。大多数面对玛丽娜的凝视的人变得情绪激动，很多人落泪，有些人啜泣。值得注意的是，玛丽娜会直接盯着参观者的眼睛。舞台上的演员很少有机会直接盯着观众的眼睛。这具有有趣的科学意义。情绪的面部传播是心灵对话的基本工具。在我们只是盯着别人的脸时和直视对方的眼睛时，大脑的反应截然不同。在直视眼睛的情况中，最初的加工发生在皮层下区域，然后会刺激调节社会互动的大脑结构[53]。此外，只有直接的目光对视才会激活诸如多巴胺系统这样的脑区，多巴胺系统能够引发奖赏效应，鼓励人们相互亲近[54]。

总之，无论你观看的是什么性质的表演，总会存在情绪过滤器，也会存在幻觉的面纱。

沉浸在幻觉中

幻觉是全部表演中至关重要的元素。

一项研究专门探究了戏剧中幻觉时刻的性质，在这样的时刻，我们忘了自己身在何方。法国研究者兼戏剧导演扬妮克·布雷桑（Yannick Bressan）和同事通过很有创意的功能性磁共振成像实验探究了在戏剧背景中现实与虚构的混合。在实验中，被试观看一个现场表演，同时接受脑扫描并测量心率。研究的目的是发现当沉醉在虚构的故事中时，哪个脑区处于活跃状态。

现场表演的是独角戏，改编自当代戏剧诗《狂欢的狄俄尼索斯》（*Dionysus*

the Wild）[55]。狄俄尼索斯是神话人物，半人半神，是葡萄丰收和酿酒的保护神，守护着人类的本能，代表了疯狂和无节制，当然也与热情和情绪密切相关。不过这是神话，狄俄尼索斯是虚构出来的角色。在这出独角戏中，他莫明其妙地来到了2000年的纽约地铁站台，讲述着他纷乱的人生故事以及游历各个古代城市的史诗般的旅程。

研究者和戏剧团队希望表演尽可能接近真实的舞台表演，创造一种使观看者可以从始至终很投入的环境。当每个被试准备进入扫描仪时，房间里的演员就开始朗诵独白。当扫描仪的床开始滑进磁体时，演员继续在邻近的一个房间里表演，扫描仪里的被试可以通过与扫描仪相连的棱镜护目镜继续观看。在扫描时，扫描仪会发出干扰性的巨大噪声。为了避免被试分心，干扰他们欣赏和理解独角戏，研究者和戏剧团队很聪明地把扫描仪的噪声融合到表演中。他们把噪声演绎成地铁进站台时发出的嗡嗡声，地铁站正是虚构的故事发生的场所。

如何发现被试沉浸在表演中的时刻呢？

在实验之前，戏剧导演在文本中选择了24个“事件”，目的是引发观看者现实感的改变，从真实的现实如扫描仪和实验室，到虚构的现实。这些元素在戏剧中标记了被试沉浸在虚构故事中的时刻，演员和制作团队以此为指导进行设计。这些标记物包括动作、声调、语调、声音、灯光和其他场景效果。

一些标记物对应着狄俄尼索斯人生故事中突出的经历，它们是狂怒与平和交替的时刻，演员对它们的讲述和表演都富有戏剧性。例如，在狄俄尼索斯叙述自己的死亡时，他的语速变快，声调变得严肃起来。后来狄俄尼索斯复活了。他手中灯光的出现象征着他的重生，他对那灯视若珍宝，保护有加。在极度愤怒的驱使下，他杀死了杀害他的人，为自己报了仇。在这些时刻，狄俄尼索斯的行为更像是野兽，行动迅速，说话声响亮，眼中充满了攻击性。

在扫描结束的时候，研究者在被试观看自己在扫描仪里录像的同时，询问他们对表演的主观体验，让他们描述对这出独角戏的想法和感受。研究者把这出戏分为每 5 秒钟一段，用被试的评论来注解这些片段。评论了整出戏之后，研究者又对被试提出了一些问题，用来探究他们的投入程度，其中一些问题专门探究他们是否沉浸在了虚构的故事中，例如“在某个时刻，你是否忘记了实验装置，好像进入了另一个现实”，或者“在表演期间你是否相信眼前的就是狄俄尼索斯，而不是一个演员，这种情况发生在什么时候”。

这种深入的主观报告有助于发现在哪些时候观看者感觉自己进入了另一个世界。在整个表演期间，观看者的功能性磁共振成像数据和心率数据都被记录下来，这样就可以将沉浸的时刻与大脑活动的改变联系起来[56]。为了实验的目的，沉浸在虚构故事中的时刻被定义成观看者事后的主观报告与导演选择的标记物相重合的时刻，这些标记物的目的就是诱导被试沉浸在故事中。

69% 的观看者认为引人沉浸的元素与导演预设的元素相一致。其中 40% 属于台词，另外 60% 的元素由导演性的标记物构成，比如灯光的使用、演员的动作和表达方式。

当虚构与现实相混淆的时候，有几个脑区被激活了。其中一个是额下回，它包含着镜像神经元，负责语言加工、识别动作和解释面部表情，这些对欣赏戏剧非常重要[57]。另一个被激活的脑区是后颞上沟（pSTS，见图 5-2）。

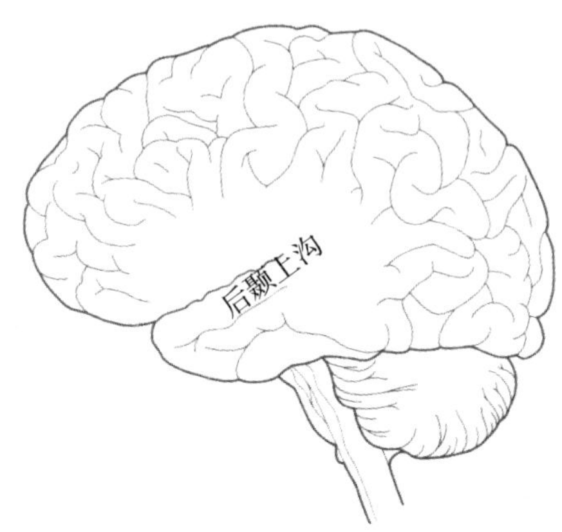

图 5-2　后颞上沟

像额下回一样，后颞上沟在理解他人方面发挥着作用。有趣的是，当某人的后颞上沟受损时，便很难准确地判断其他人在盯着什么地方，或者很难解释自己对正盯着看的东西有什么感受[58]。后颞上沟还掌管着对书面语言和口头语言的理解，尤其是理解比喻[59]。观看戏剧涉及高度的语言理解和对比喻性、诗歌性语言运用的欣赏，因此如果这时后颞上沟没有激活，那才奇怪呢。在进行社会性判断和审美判断时，这些脑区也会被激活[60]。在观看戏剧时，这个功能可能对欣赏写作风格、情节或人物以及整体的表演和导演有帮助。

在沉浸时刻，心率和中线皮层区的激活相应地减弱了，比如背内侧前额叶皮层和后扣带回，这些脑区通常参与自我的表征以及和外界的联系。在第2章中我解释过背内侧前额叶皮层的功能，它大致对应着弗洛伊德所说的自我。这些脑区激活减弱会模糊将我们与故事间隔开的界线。我们和虚构故事之间的距离被拉近了。

上述结果说明，沉浸在虚构故事中就好像一种催眠状态，它需要观看者完全沉浸在舞台表演中，暂时失去自我指涉，隔绝直接的感官信息。这就是无法自拔的感觉。

我们可以窥探观看戏剧时大脑中正在发生什么，这确实很吸引人。这项研究虽然令人着迷，但它的主要目的是推进科学事业。它对戏剧有什么影响？假设我们逆转这个过程，把从扫描仪中获得的信息引入戏剧创作和表演中，也许可以利用数据找到并复制特定的语言方式和表演手段，增加观众对戏剧的投入程度。

这需要对演员进行新的培训吗？导演应该根据这些数据做出选择并开发出以观众为导向的新方法吗？当我们试图传递悲痛、愤怒或快乐时，什么类型的动作或表情最打动人？什么样的比喻能够最有效地浓缩行为和思想？情节设置、语气加强或灯光中的哪些元素能够引发观众大脑活动的改变？

虽然这听起来既新颖又令人激动，但我对把一出戏剧分解成各个单元，用神经科学和脑成像来检验它们的有效性依然持怀疑态度。

我的朋友本也这么认为："我不一定知道我的什么表演能让观众欢笑或哭泣，但我知道该怎么做。这是一种原始的本能。我接受过多年的训练，对表演技巧和手法很精通。从某些方面来说，我并不想知道这些，因为我担心表演会变得太过技术性。"

所有在剧院工作过的人都知道，功能性磁共振成像和统计永远不能完全替代排练所具有的不可预测的效果和启发性。

创作和表演戏剧情节或者判断它效果如何，很大程度上是遵从本能的过程。尽管它建立在方法、技巧和经验的基础上，但始终是无法解释的潜意识直觉。若干世纪以来，这种方式被证明很成功。戏剧艺术家会像以前一样，继续运用比喻，探索无穷无尽的表演方法。关于镜像神经元和其他脑区机制的知识对导演和演员能力的提升只有这么多了。或许只有情绪能产生情绪。

尾声

灯光突然熄灭，黑暗表示演出结束了。经过短暂的犹豫，每个人都吸了口气，然后爆发出热烈的掌声。灯再次被点亮，晃得本什么也看不见。

表演的结束总是令人难过。戏剧是死亡的仪式，也是诞生的仪式。注意力的集中、对表演的投入、情绪的高潮、观众与演员之间看不见的交流逐渐消失。魔法蒸发不见了。我不想让角色离开。我纳闷在演出结束时演员们为什么一定要让角色离开。

在演出过程中，我根本不会想到自己的大脑在做什么。当舞台上的演员令我动容时，我知道他迷人的表演在改变我的大脑活动，但这些想法既不会加强、也不会减弱我的情绪。

但是我记得有时候我会笑弯了眼睛，有时候会被大叫声吓一跳，在看到不幸时会喉咙发紧。我记得那些令我忘记了周遭环境的时刻。

彼得·布鲁克把戏剧的魔法总结成了一句话:“在日常生活中，‘如果’是一种逃避。在戏剧中,‘如果’是事实。”[61] 戏剧关乎兴奋、梦想，关乎成为幻觉的猎物，关乎生活在持久的逃避中。

H O W W E F E E L

6°C

快乐 幸福的碎片

我认为没有什么比不快乐更可笑的了。

——塞缪尔·贝克特

用朋友计算你的年龄，别用岁月。
用笑容衡量你的生命，别用泪水。

——约翰·列侬（John Lennon）

H O W W E F E E L

曼哈顿，凌晨5点。

在熬了一夜后，我终于把笔放下了。这次不是因为我不知道该怎么继续写下去，而是因为我写完了。我没有失望地扔掉那张纸，期待更好的灵感，这次我终于有所收获。

我的乐趣之一是时不时写首诗。我用诗句把生活浓缩成短小珍贵的片段，再用华丽的文字写出来，方便我自己回顾和与他人分享，了解我看待生活的方式发生了哪些改变。有时写诗是给令人悲痛的经历披上愉快伪装的方法，在诗歌中，不幸也会变得美丽。但是一般来说，写诗只是一种手段，我用它来保持我对语言的热爱，挑战自己把情绪转化为文字、把头脑中的理解转化为书面论述的能力。

我最喜欢的诗歌形式是十四行诗。来到纽约时，我正好在创作一首诗，身在纽约让我感觉情绪很好。一周以来，我费力地把我对某人的情感变化转化成这种古老的写作形式。我不完全确定我们对彼此的迷恋会通向什么地方，但我感觉到某种转变，某种提升，从不牢靠的地面到乐观的平台。我可以看到信心的出现，有了一点令人高兴的事情，我想庆祝庆祝。

我下决心完成这首诗，感觉有什么东西已经近在咫尺，但谁能控制创作的过程？我在飞机上就开始写这首十四行诗了，飞行时常常会有灵感。我在笔记本上写了两页，用粗体字标出了每个单词中的语调音节。我已经写出了前8行，但剩下的部分依然是一些混乱的想法，需要设法将它们纳入固定的结构中，让它们符合韵律和其他要求。所有尝试创造的人都知道，成功与挫败的时刻会交替出现。以下是我写的几句破碎的诗句：

在这符咒中不上不下，我们……
真相从我们渴望的眼神中流出
……不要去回想……

最后两行诗完全没写出来，但我知道只要坚持，一定能完成。

我抬起头，在房间里来回走了几趟。一边走，一边能感觉到脚下的木地板有些开裂了。然后我站在窗边，仰望着天空，可以看见远处的哈得孙河。夜晚总是让人觉得雾蒙蒙的，但风吹走了云。整个城市就快醒来。我是多么喜欢住在纽约啊！大楼里大多数的灯光熄灭了，我凝视着渐渐隐去的星星。正在这时灵感又开始涌出。地板上的裂缝，就像欲望的伤疤，我希望它们能愈合。星星……当然，星星（star）和伤疤（scar）押韵。我依然不知道具体该怎么写，但我知道这条路是正确的，这么做错不了。真的，天空从来没有这么美丽，这么充满了希望。我开始完成那些诗句，尽量不让这股势头消退。

拼图中缺失的部分最后浮现出来。四散的碎片连接在一起，形成了一个完整的句子。混乱褪去，把空间留给了秩序。不和谐的声音绽放成一首歌，我写出了最后两句诗。诗写完了，听起来不错，至少对我来说足够好了。

在这符咒中不上不下，我们迎来了满潮
拥抱这片水，仰望星空
真相从我们渴望的眼神中流出
不要去回想，把伤疤抹平
在这里，眼泪是甜蜜的，哭泣又有什么？
在海边，在夜晚，你和我高高地飞翔

每当完成一篇创作，不管是何种形式的写作，我都会对自己身上发生的事情感到难以置信。我没有镜子，但我打赌自己的额头一定是放松的，眼睛里一定闪烁着光芒，透着骄傲。飘忽不定的思绪结束了流浪，恰当的文字跃然纸上，我感到一阵欣喜，一阵满足。这种快乐或许来源于思绪的清晰。我那么兴奋，怎么睡得着？尽管很累了，但我宁愿去庆祝一下，我走向河边，一路吹着口哨。

H O W W E F E E L

苦尽甘来

最后我们终于谈到了令人愉快的情绪。我首先同你们一起探讨了消极情绪，而把积极情绪留到最后，这是因为我自然而然地认为一开始有些挑战、然后苦尽甘来是最好的方式。就像罗马人的说法：“甜美的终点”（dulcis in fundo)。而且不幸的是，科学对令人愉快的情绪的关注远不及对消极情绪的关注。我们对愤怒、恐惧、厌恶和悲伤的了解远远多于对积极情绪的了解，比如快乐。到目前为止，恐惧是被研究得最多的情绪。直到 20 世纪 90 年代，科学家才开始认真地研究快乐。这种差异的原因在于我们渴望了解消极情绪，这样就可以尽量避免或者干预它们。

在本书的一开始，我曾简要提到，作为生物，我们有两种应对情绪生活的基本生存机制：趋近和回避。它们是相反的机制，经过演化而形成，是复杂性各不相同的有机体共同的机制，从阿米巴到人类莫不如此。规则很简单：趋利避害。千年来，这两条基本原则曾经是不断变化的科学理论和哲学理论的支柱，甚至也是精神分析的支柱。弗洛伊德在思考男人和女人希望从生活中得到什么时，总结了这种两极化的情绪调节观：“这个问题的答案毫无疑问。人们在努力追求幸福，想获得快乐并保持快乐。这种努力包括两个方面，积极的目标和消极的目标。一方面是避免痛苦和不愉快，另一方面是获得强烈的愉悦感。”[1]

有助于理解这种情况的做法是把我们自己看成不断寻求与环境保持良好平衡的有机体。我们努力寻求平衡，用科学的语言来讲就是内稳态，通过行为和活动，我们从一种体验转向另一种体验，寻求着幸福的平衡。生活中充满了阻碍和快乐，我们会从一种类型的事件转向另一种类型的事件。有些事件比较令人痛苦。在遭遇痛苦时，我们会避开，转向比较令人愉快的体验，但接下来可能又会再次遭受痛苦。比如，我们在树下找到一处躲避倾盆大雨的好地方，一切看起来都很好，却被蚊子咬了。再比如，我们醒来时心情很好，去面包店买新鲜的牛角面包，还遇到一位朋友，然后我们坐在办公桌边开始工作，却发现电脑死机了。我真的遇到过一次这种情况。从这个角度看，快乐是我们快速摆脱痛苦后获得的东西，然后我们会再次达到平衡。

确实，快乐有可能变得令人痛苦，痛苦有时又会带来满足。性虐待也有可能令某些人感到愉悦。在面包店的橱窗里看到美味的巧克力蛋糕是一件乐事，但如果我们独自吃掉整个蛋糕，那么令人愉悦的蛋糕也会让人觉得不舒服。爱情既是快乐之源，也是伤心之源，尤其是在爱情结束时，会带来悲伤。快乐和痛苦的强度与我们所处的快乐或痛苦的状态有关，当我们深陷痛苦之中时，小小的快乐就能让我们欣喜若狂。

我将告诉你快乐的一些独特的方面，告诉你通往快乐的道路。不过首先，就像我对其他情绪的探讨一样，我要告诉你快乐看起来和听起来是怎样的。

快乐的标志

微笑泄露了我们的快乐。人们本能地认为微笑表现在嘴巴周围。确实，微笑中发挥作用的肌肉之一是颧大肌，这块肌肉从颧骨向下延伸到嘴角。但是只是这块肌肉的收缩不足以引起一眼就看得出来的真诚笑容。第一个发现并报告这种现象的人是法国解剖学家迪歇恩。他把镀锌电极放在人脸上，激发面部表情。达尔文的书就采用了他的照片。

讲笑话促使迪歇恩发现了真诚笑容背后的其他机制。当迪歇恩用电极只刺激颧大肌时，被试的面部表情看起来很不自然，笑容很假。当迪歇恩给他讲笑话时，他脸上的笑容则非常真诚[2]。猜猜差别在哪里？答案是眼睛，当微笑源自真心的快乐时，眼周的肌肉眼轮匝肌也会收缩。这意味着虽然你可以故意抿起嘴唇，嘴角上扬，露出微笑以表示礼貌，但不能随心所欲地收缩眼轮匝肌，因此不可能假装出开心的笑容。只有真正的快乐才能产生完美的笑容，这种笑容被称为“迪歇恩的微笑”。这个细微的差异让我们回想起悲伤的表情：除了眉毛内侧之间的肌肉会收缩之外，嘴唇还会下垂。

当应该一脸严肃的时候，你却控制不住地大笑起来，没有什么事情比这更让人尴尬的了。但这种不幸的情况确实会发生。你面试应聘人员时对方和你握手，自我介绍说他叫杜子腾（肚子疼）；午餐后你的老板和你打招呼，你发现一小片菠菜正粘在他的门牙上；有人在你面前摔倒，姿势让你忍俊不禁。

笑声不仅是快乐的标志，也可以是嘲讽的、恶毒的、玩世不恭的。它甚至可能伴随着暴力行为，比如杀人。

但是无论哪种情况，笑都不只是坦诚的咧着嘴的脸。当我们大笑时，肺、喉头和肋骨之间的肌肉都在工作。因此在考察笑的时候，我们还会探究情绪的声音和视觉呈现。笑是有声音的。如果仔细听，笑具有独特的声音特征。心理学家罗伯特·普罗文分解了笑的结构性成分[3]。为此，他听了大量的笑声。让人们根据要求发笑可不容易，他采取的策略之一是在公共场所四处走动，告诉人们他在研究笑，请他们大笑。人们对这番话的反应通常是自发的大笑，然后他就把这些笑声录下来。

当他在实验室里回放这些录音，并用一种叫声谱仪的设备来分析它们时，他注意到一种独特的模式。笑声由一系列元音构成，主要是“哈”或“呵”，它们以均匀有序的时间间隔重复着。笑的音节的持续时间和间隔的持续时间都是以毫秒为单位测量的。普罗文发现的另一个有趣特征是笑声并不是杂乱地分散在我们的对话中。它们通常跟在句子后面，不会打断句子。它们的作用就像标点符号。总之，普罗文认为我们一定具有独立的神经回路，用于探查和加工笑声的结构，然后通过同样的发声法产生笑声，使得笑声具有了感染力。

除了具有感染力之外，笑声也具有普遍性。整个动物界都存在笑声。黑猩猩会笑，尽管它们在笑的时候，呼吸方式与人类的不同。甚至老鼠也会笑，尤其是当它们年幼时。它们的笑声显然与我们的完全不同，而且老鼠并不是以具有敏锐的幽默感而著称的，但是在令人愉快的环境中，它们会发出可测量的超声波。当“处于青春期”的大鼠互相玩耍时，当它们被胳肢后背、脖子或肚子时，它们会发出独特的超声波，频率为大约 50 000 赫兹，这比它们在厌恶或不快的情况下发出的声音频率更高，后者大约为 20 000 ~ 30 000 赫兹[4]。

伦敦大学学院的认知神经科学家索菲·斯科特（Sophie Scott）长期以来对研究我们如何通过产生和感知言语以及其他非言语的交流方式来相互沟通感兴趣。她和她的团队收集到了很好的关于笑的数据。

她的两位合作者去很远的地方寻找情绪的跨文化性质的证据。这一次，他们的兴趣不在于面部表情，而在于情绪的声音。他们来到非洲北纳米比亚一些与世隔绝的偏远村庄，那里的居民辛巴人（Himbas）从来没有接触过自身以外的文化，因此不熟悉西方人的情绪表达方式[5]。他们根本没机会听到伦敦人的哭声或笑声。研究者让辛巴人听一些用他们的母语讲述的故事，这些故事围绕着一些基本的情绪，比如恐惧、愤怒、悲伤、厌恶或好笑。然后再给他们听两种由说英语的人发出的声音，其中一种与故事中的情绪匹配，另一种不匹配。研究者让他们选出恰当的声音。当研究者返回伦敦时，他们把对辛巴人的研究记录带了回来，并用同样的方式测试英国的被试。

无论是辛巴人还是英国人，在识别与情绪相关的声音方面相当一致。在好笑这种情况中，举的例子是挠痒的场景。两组被试毫不含糊地将笑声与它匹配在一起。英国人能够分辨出辛巴人的笑声，辛巴人也能分辨出英国人的笑声。两组被试都把笑声与挠痒联系起来。正如我们所知，挠痒通常会引人发笑，这甚至对大鼠也适用。此外，笑声是笑在声音上的等价物。它是快乐这种普遍情绪的另一种标志物。

索菲·斯科特还通过寻找笑声强烈感染力背后的神经线索来加深对积极情绪的理解。在第 5 章中，我谈到了镜像神经元在沟通演员与观众之间的情绪上的作用，主要是在模仿情绪的面部表情上的作用。你可能想到了，笑会引起他人的镜像活动。不过索菲·斯科特和她的合作者发现，不只是笑的视觉刺激，甚至笑声也能激活大脑的镜像活动，使听到的人产生类似的面部表情[6]。事实上，在她用来研究镜像系统听觉能力的众多情绪化声音中，笑声最有影响力。只是听到别人的笑声就能激起你脸上的笑容。

最后，笑显然是一种情绪的社会性表达，而不是独自的行为。有时我们会因为看喜剧而自己大笑起来，但笑通常是社交事件。心理学家罗伯特·普罗文让一群学生在一周的时间里把他们的笑写成日记，结果很明显：有别人在场时的笑比独自一人时的笑多 30 次[7]。和别人一起笑具有多种多样的社交意义。我们的笑体现了对他人的赞同、与他人的亲密关系、对他人的信任和爱。

我必须承认，我喜欢笑，尤其是和朋友一起大笑。但对我来说，快乐的真正标志是吹口哨。如果我心情很好，或者我想有个好心情，就会吹出一整首交响曲。

快乐带来创造力

让我们再来看看纽约那天的黎明时分，我因为创造而带来的稍纵即逝的快乐。写诗、创作歌曲以及其他种类的智力活动和创造性活动确实会令人愉悦。我在凌晨 5 点雕琢完成了一首十四行诗，这的确让我感到满足。但我是怎么渐渐理解了随意出现的想法，最终完成了缺失的诗句呢？

就我个人而言，只要创作过程有规律地持续发生，我宁愿把其中美好的部分始终当作一个谜。不过，研究已经开始揭示出这类心理过程背后的某些机制，结果尽管只是初步的，但令人着迷。从实验数据中得出的一个主要发现是积极情绪与敏锐的头脑相伴而生。哪怕只是短暂的心情改善也能提高我们的思维能力和创造力。

我会在后文中重点探讨这个问题，现在让我们退后一步，探讨一下快乐的基本解剖结构。大脑中有一个专门负责快乐的中枢，习惯上被称为“奖赏系统”。由于感官愉悦具有古老的演化目的，因此奖赏系统是一个原始构造，是大脑中必不可少的部分，而且不只存在于人类大脑中，蜜蜂、老鼠、狗和大象都有类似的奖赏系统。如果说蜜蜂的奖赏系统由单个神经元组成，那么较高等动物的奖赏系统则由若干组织构成[8]。在图 6-1 中我标出了人类大脑中的相关组织：腹侧被盖区（VTA）和伏隔核（NA）。腹侧被盖区是脑干的一部分，覆盖在脊髓的顶部。伏隔核之所以得名，是因为它靠向隔区，这是伏隔核上方一处较小的脑区。

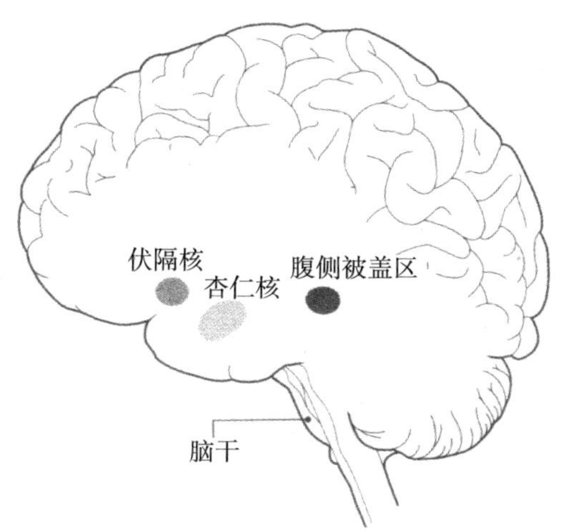

图 6-1　伏隔核和腹侧被盖区都是奖赏系统的一部分

只要奖赏系统的功能正常，一些基本的行为，比如吃或性爱，就会带来满足感，因此就有可能被重复，从而促进生存和繁衍。特定的刺激和行为带来了奖赏，这使我们想要增加这些刺激和行为的强度及频率。

20 世纪 50 年代，研究者最早在大鼠身上发现奖赏中枢能够引发愉悦。每当大鼠移动到笼子里的某个角落时，研究者会给予它们轻微的电击。电流通过插入鼻中隔的一个电极导入，向上直达奖赏脑区。事实证明，这个刺激能够令大鼠愉悦，因为它们非但没有逃避电击，反而自发地一再回到那个角落。

后来，研究者给电流发生装置连上了一根杠杆，这样只要大鼠按压杠杆，就会受到电刺激。大鼠贪婪地获取刺激，不停地按压杠杆。它们会在一个小时里按压数百次，这类似于我在第 3 章中描述的条件作用过程，不过这次的刺激令人愉悦，而不是令人痛苦，因此属于正强化[9]。

奖赏回路中的神经元彼此通信的方式之一是发送和接收一种被称为多巴胺的神经递质。多巴胺作为信使，作用和我在第 4 章中探讨过的 5-羟色胺一样。

简单来说：受到刺激后，多巴胺从神经元中被释放出来，进入突触，然后通过与多巴胺受体结合，把信息传递给突触另一侧的神经元。信息传递完成后，多巴胺被从受体中驱逐出来，通过专门转运多巴胺的转运体、原始神经元上的“堤岸”，再次被摄取。

多巴胺的循环能够使我们心情愉快、极度活跃，能够培养意志力，使我们充满积极性。一项研究多巴胺的激励作用的研究采用了猴子和苹果汁进行实验。在猴子完成实验任务后，实验者会给它们几滴苹果汁，它们的多巴胺能神经元会分泌大量的多巴胺，这说明苹果汁令它们很兴奋[10]。

现在越来越清楚的是，多巴胺的释放与享受奖赏本身无关，而是伴随着对奖赏充满希望的期待。比如你在期待一条令人陶醉的晚安短信、朋友许诺给你手写一封长长的信，再比如你被邀请参加一个晚餐聚会，在那里会见到你很想与之交往的人，或者你觉得自己马上就要为诗写出完美的结尾了。多巴胺的分泌强化了对这些充满希望的事件将会带来奖赏的预期。一些实验已经发现了这种现象。如果苹果汁总是在灯光之前出现，猴子便会把视觉线索和可能得到苹果汁联系起来。结果只要灯光一亮，猴子的神经元就开始放电了，而在真的得到苹果汁时，放电反而不那么强烈了。

对其他欲望的期待，比如性期待，同样存在这种现象。看到透明隔板后面的雌性大鼠时，雄性大鼠的多巴胺水平急剧升高。当它与雌性大鼠交配之后，多巴胺水平回落到基线水平，但在看到另一只雌性大鼠时又会激增[11]。这就是多巴胺促进欲望的作用。

多巴胺还有助于我们集中注意力。它使注意力更加敏锐，使行为和注意力具有倾向性。为了说清楚这个问题，我会给你讲一个关于蜜蜂的小故事。蜜蜂喜欢吃花粉。它们会飞很远的距离去寻找开满鲜花的草地。尽管蜜蜂的神经系统规模很小，但能快速学习并加工新信息，这对它们的觅食能力很有帮助[12]。它们能把花的气味、颜色、形状和花蜜联系起来，这种由欲望驱使的学习使它们能够找到优质的采蜜场。找到好花蜜与蜜蜂的奖赏系统有关。诱人的花朵会使蜜蜂的奖赏神经元产生与多巴胺等效的物质，即真蛸胺，这样选择某种花的决定就具有了奖赏性，促使蜜蜂返回那里[13]。

对蜜蜂来说，这种基本的系统足以满足它们觅食的需求。但是对更高等的动物来说，系统达到了更复杂的程度，对快乐的预期和侦察确实能满足我们更复杂的需求。前额叶是大脑中最高级的部分，我们在这里思考抽象概念，同时这里也是暂存记忆的地方。奖赏系统与前额叶有紧密的联系，这对将快乐整合到认知能力中是很重要的。大脑的这两个部分以不同的方式加工信息。奖赏系统加工得比较粗糙、比较迅速。正如我们看到的，它非常擅长发现和存储奖赏体验。前额叶学习得比较慢，需要进行练习。这两个系统互相合作，共同促成了出色的想法[14]。

总之，好情绪能够改善问题解决能力，激发创造过程。科学家研究了积极情绪对问题解决和认知任务的影响，如特殊的词语联想任务[15]。在一系列研究中，研究者要求被试找到词语之间的联系。被试每一轮会看到三个词，他们要在一小段时间里想出与这三个词都能搭配成词组的词。任务的难度会改变。例如：

MOWER（割草机） ATOMIC（原子） FOREIGN（外国）_________

在这个例子中，正确答案是“power”。如果在完成任务前，研究者送给被试一个小礼物，比如糖果或其他零食，或者被试观看了一小段喜剧，那么回答正确的比率会提高[16]。在一项相关研究中，出乎意料的小奖励能够提高被试想出独特词语的能力。那些得到小礼物的被试在词语联想任务中表现得更大胆、更有进取心[17]。

目前解释这类心理过程的生物学模型相信，奖赏中枢和大脑前部结构之间的联系非常重要。如果把这个模型应用于我创作十四行诗的过程，多少可以解释那个令人愉快的灵感迸发的时刻。因为某种莫名其妙的原因，我所处的新环境、身在纽约的兴奋感，甚至天空中的星星和哈得孙河的景色都推动了我的创作。它们是意想不到的奖赏、突然的激励、有着最好最丰盛花蜜的花朵，它们具有潜在的益处，吸引我流连忘返。未完成的诗句和毫无成效的词语阻碍了我的创作，但后来我终于发现了很有希望的词句，这让我干劲十足、备受鼓舞。

我没有任由这些灵感消失，聚精会神地完成了那首十四行诗。我全速冲刺，就好像有人在追赶我，因为我知道自己必须用重新获得的自信将所有的片段整合到一起。我的灵感符合这首诗的中心思想，因此它们扎下了根。一直在我头脑中随意漂浮的想法最终找到了适合的登陆点，我不知怎么就进入了富有成效的创作通道。通过判断，这些想法被认为很有价值，于是被更好地组织起来。重要的是，十四行诗的规律性和固定的模式在这个过程中很有帮助。我具备有关十四行诗的知识和经验，因此我想出的解决方法在特定的结构中得到了确认。

基于后来读到的有关创作过程的神经生物学基础结构的内容，我仅能猜测大脑中发生了愉悦中枢和前额叶皮层之间不断的对话。而在另一方面，我可以确切地告诉你那首十四行诗是如何产生的，因为我记得自己如何创作了它，笔记本上记录了点滴的进展，一行接一行，一个音节接一个音节，一个重音接一个重音。纸上潦草的涂写和擦抹的痕迹说明了创作的速度。我满怀感情地记住了全诗完成之前那心醉神迷的时刻，从充满怀疑的想法到真正实现的过程，以及完成诗作带来的成功的兴奋。当我努力创作诗句时，我的脑子里发生了非常复杂的事情。这真令人着迷，同时也让人安心。然而它只是近似地描述了创作过程，与我自己的行为平行发生，但独立于我的行为。我从中获得最多的是激励，它使我更加热切、渴望。

制造快乐的分子

如果在药物的作用下，我会创作出不同的或更好的十四行诗吗？

兴奋剂和消遣性药物常被用来辅助各种创造过程。

摄入可卡因后，大脑中的多巴胺水平会急剧升高 1 000 倍，这会大大增强我在上文中描述的积极进取的快感。在分子层面上，可卡因会阻止奖赏回路中神经元之间的多巴胺的清除，因此提高了多巴胺的水平。它通过突触前神经元上的“堤岸”，抑制了多巴胺的再摄取。

诸如安非他命这样的兴奋剂通过类似的机制发挥作用，有些真正的诗人会利用兴奋剂来提升注意力，同时驱散疲惫。在第二次世界大战后的纽约，美国“垮掉的一代”的作家，包括杰克·凯鲁亚克（Jack Kerouac）、艾伦·金斯堡（Allen Ginsberg）和威廉·巴勒斯（William Burroughs）普遍尝试过服用安非他命。在金斯堡的代表作《嚎叫》（*Howl*）中，他写道：“我看见这一代最杰出的头脑毁于疯狂，挨着饿，歇斯底里，浑身赤裸，拖着自己走过黎明时分的黑人街巷，寻找狠命的一剂……”[18]

“快快”（Speed）是一种常见的消遣性药物。如今，通过服用安非他命来提升注意力和表现的人群有不断增多的趋势，甚至在大学生和大学教师中也是如此[19]。《自然》杂志对 1 000 多名读者的调查显示，五分之一的受访者使用过某种类型的兴奋剂，这些受访者中的大多数人应该都是科学工作者[20]。

我探讨了很多对快乐的预期，但当它们真的发生时，渗透在其中的是什么？正如我们之前看到的，对快乐的预期和快乐本身是两码事。研究者已经在大脑组织层面和分子层面对这种差异进行了研究。一般来说，多巴胺能带来积极进取的快乐，阿片样物质则带来令人欣慰和狂喜的感觉。

以如今常见的经历为例，当你发了一条幽默的朋友圈，反复刷新期待看到朋友们出乎意料的反应时，你的大脑就浸泡在多巴胺中。当你看到朋友们的评论或点赞时，大脑释放出来的就是阿片样物质。所有这些都让你渴望获得更多。多巴胺会促使你再发朋友圈。

阿片样物质是通过与大脑中专门的受体结合来发挥作用的。在第 4 章中，我提到了阿片样物质能有效地止痛，例如吗啡就是强效止痛剂。不过阿片样物质对愉悦的影响不亚于它们对疼痛的影响。吗啡只要再加上两个乙酰基就是海洛因。幸运的是，我们不需要诉诸鸦片、吗啡或海洛因就可以获得阿片样物质镇痛、镇静和慰藉的效果。我们的身体可以产生类似鸦片的分子，与相同的受体结合，减轻疼痛感。这些自我生成的阿片样物质被称为内啡肽。在不感到疼痛的时候，它们能带来快乐和舒适的感觉。

正如我之前简单提及的，阿片样物质能够减轻各种哺乳动物幼体对与母亲分离的抗拒。阿片样物质能够让我们平静下来。当被轻抚时，身体也会释放出阿片样物质。拥抱和接吻足以为汹涌的阿片样物质打开大门。

疯狂的性爱、贝多芬的奏鸣曲和鲜美的饭菜看起来显然不同，但从大脑层面看，它们有很多共同点。让我简单说明一下原因。

2011 年末，在美国神经科学协会（Society for Neuroscience）的年度会议上，参会代表看到了一段令人激动的视频。这段视频显示了一位女性性高潮各个阶段时的大脑图像，从一开始接触，到高潮，再到慢慢消退，历时 5 分钟[21]。展示这段视频的是心理学家巴里·库米萨勒克（Barry Komisaruk），与他合作的是贝弗利·惠普尔（Beverly Whipple）。库米萨勒克对女性的大脑活动进行监控,这些被试在功能性磁共振扫描仪中成功地激发了自己的性欲。这很不寻常，因为扫描仪容易引起幽闭恐惧。

乍看起来，大脑中好像没有哪个区域没有被激活，似乎整个大脑都陷入了狂喜的混乱中。但是仔细检查能更好地揭示出跨时间的神经地貌。一一列出性高潮时充溢着血流的大约 30 个脑区会很枯燥乏味，与性高潮时的狂喜体验相去甚远。有些研究对此进行了探索，其中一些结论互相矛盾，还有待未来的改进。但是有些脑区的结果是一致的，比如当达到性高潮的顶点时，奖赏中枢一定会参与其中。值得注意的是，眶额皮层很安静。这是对我们的很多行为执行控制的脑区，即弗洛伊德所说的超我所在之处。让人放心的是，它在性高潮时是关闭的，因此我们可以享受暂时的狂喜，无视任何心理克制。与之类似，对男性射精时的大脑进行监控获得的数据显示，杏仁核没有被激活[22]。

对性高潮进行细致的科学研究，认识它的工作原理，也能帮助那些无法达到性高潮的人，比如脊髓受损的女性。直到不久之前，脊髓受损的女性依然被告知不要指望会有令人满意的性生活了，因为每个人都认为脊髓中神经的中断会破坏愉悦感的传输。但是库米萨勒克和惠普尔发现了另一条性高潮通路：迷走神经（vagus nerver）。在拉丁文中，vagus 的意思是“流浪的”或“巡回的”。迷走神经在我们的身体中跨越了相当长的距离。它就像大脑的“电源开关”，始于头颅底部的脑干，从延髓出发，沿着生死攸关的线路（比如颈静脉）向下蜿蜒到脖子、胸部、腹部和肠道。由于迷走神经取道内脏，因此绕开了脊髓。当脊髓受损的女性在脑扫描仪中刺激自己达到性高潮时，延髓会活跃起来，这正是迷走神经投射到大脑中的位置[23]。

列夫·托尔斯泰说：“音乐是情感的简略表达。”我们很难不赞同这句话。在前面的章节中，我提到过视觉艺术和戏剧表演能引发强烈的情绪。几乎没有人能抗拒音乐的迷人力量。美妙的旋律、完美的音调、引人的节奏都会带来令人心醉神迷的快乐。我们为什么那么喜欢音乐至今依然是个谜。音乐在演化上的作用并不明显。达尔文在《人类起源》（*The Descent of Man*）中写道：“最早的人类祖先为了吸引异性而创造了音符和节奏，因此音乐与动物所感受到的强烈激情有着紧密的联系……”[24] 音乐可能起源于求偶。

把音乐的情绪影响转化为文字或神经语言会很失真。要想感受音乐令人喜悦的力量，人们只需要侧耳倾听。想象你在逍遥音乐节（Proms）上，正闭着眼睛坐在地上。指挥就位了，管弦乐队在做准备。每个人都在等待着同样的东西。指挥举起指挥棒，略微做出一个控制的手势，标志着第一乐章开始。第一个音符从各种乐器中顺从地同时流淌出来，穿越整个音乐厅，激发你的情感。

无论是交响乐、钢琴奏鸣曲还是歌曲，只要你能够领会音乐，一定熟悉那种被音乐打动时，顺着脊柱向下的寒战、刺痛和颤抖。没有人知道为什么会发生这种音乐战栗，也不知道这是如何发生的，但可以肯定，它是音乐导致情绪唤起的证据，也是快感的迹象。对这种现象的实验研究最早始于 1980 年，研究者发现它在人群中很普遍[25]。音乐引起的战栗可能很短暂，也可能持续好几秒；它能蔓延到四肢，遍布整个身体，通常伴随着立毛，这是起鸡皮疙瘩的高雅说法。音乐作品中的某些点似乎容易引起战栗。当音乐的力度突然改变或出现了出乎意料的新和声时，我们就会起鸡皮疙瘩[26]。悲伤的音乐比快乐的音乐更容易引起这种现象。

阿片类物质和愉悦中枢参与了这些令人狂喜的时刻。一些研究者在人们听自己喜欢并能引起战栗的音乐时，对他们大脑的血流进行了监控。研究中被试选择的音乐包括拉赫玛尼诺夫（Rachmaninov）D 小调第三钢琴协奏曲和巴伯（Barber）的弦乐柔板。感受到战栗的倾听者被激活的脑区同享受美食和性爱时被激活的脑区没有什么分别。虽然杏仁核和眶额皮层很安静，但诸如伏隔核这样的愉悦中枢是高度活跃的，它们中充满了多巴胺和阿片类物质的受体[27]。有趣的是，如果让倾听者使用阿片类物质拮抗药，也就是阻止阿片类物质与受体结合的分子，那么他们感受到的战栗就会减少[28]。

想象你饿了好几天。你什么都没吃，没有吃你午餐通常会吃的三明治，没有吃楼下面包店的可口蛋糕，没有吃你最喜欢的印度餐厅的咖喱，没有吃水果，甚至连一片面包都没有吃。然后你明智地决定重新开始吃东西。你给自己煮了一碗西兰花，这是你平时讨厌吃的东西。你会把它吃掉，而且吃得挺开心。食物很奇怪。它既是我们最基本的养料，也是一种奢侈品。我们可以一边看着笔记本电脑一边心不在焉地吃，也可以放纵自己在吃上花很多钱，只要它有可能带来独特的愉悦。它既是必需品，也是复杂的满足感的来源。

科学家通过区分“想要”和“喜欢”，对食物的这种两面性进行了研究。当我们需要食物的时候就是想要。我们可能喜欢草莓，不喜欢菠萝。这种差异同样是由奖赏系统的两种成分调节的，它们分别是多巴胺和阿片类物质，对老鼠实施的实验清楚地体现了这一点。如果切断老鼠的多巴胺分泌，它们依然能分辨甜味和苦味，依然喜欢前者。相比之下，如果阿片类系统受损，老鼠会失去食欲和对甜食的偏爱，这种偏爱与愉悦感相关[29]。享受味道同样需要阿片类物质。在一项实验中，实验者给老鼠提供了两种食物。从营养角度看，它们是一样的，只是具有不同的风味，其中一种是老鼠喜欢的味道。如果老鼠服用了能激活阿片类系统的物质，就会选择自己更喜欢的食物；如果老鼠服用了关闭阿片类系统的物质，它们的选择就会是随机的[30]。

然而，就像我之前强调的，愉悦和痛苦是一把双刃剑的两面。如果被滥用，愉悦会遭遇冷酷的报复。最初能带来舒适感的东西有可能在你后背捅上一刀。阿片类物质能提高多巴胺的水平，激发你的欲望。反复获得同类型的愉悦之后，你的愉悦中枢会对此习以为常，不再那么兴奋。此外，高潮之后迎来的是低谷。因此，为了避免痛苦的戒断症状、满足不断提升的欲望，你会想要得到更多最初的那种奖赏，无论它是什么，但你再也无法从中得到相同的快乐。药物干扰了多巴胺的神经传递，改变了多巴胺系统中的神经元结构。成瘾后的快感会让你对奖赏的线索产生条件作用。哪怕只是看到奖赏就会让你无限渴望，欲望和动机将会失控。

左脑快乐，右脑悲伤

一些大脑受损的中风患者会表现出情绪极端的症状，但只处于情绪谱系的一端：要么病态地大哭，要么病态地大笑[31]。神经学家们对此感到疑惑。哭得停不下来或者在不恰当的时候哭泣的患者通常是左脑受到了损害。除了泪如雨下之外，他们还会表现出失望和自责。相反，右侧大脑受损的患者会大笑个不停。这些欣快的患者显得兴高采烈，喜欢开玩笑，倾向于低估自己的症状。这类奇怪的现象使神经学家们产生了一个怀疑：大脑在调节情绪时是左右分工的，大体上，左侧负责积极情绪，右侧负责消极情绪。

这是我第一次提及大脑的“偏手性”。正如你所知,大脑分为左右两个半球。这意味着每种结构都是成对的，两个杏仁核、两个海马、两个纹状体、一对皮层等，每侧大脑各一个。当我们谈到每种结构的功能或它们在特定大脑活动中的参与程度时，通常指的是双侧大脑，但在有些情况下，只有一个大脑半球参与其中。两个半球的结构是一样的，但可能会各自完成一套不同的任务。最著名的例子是产生和理解语言的功能由一侧大脑掌管，大多数人是左脑。这一现象由 19 世纪的神经学家保罗·布洛卡（Paul Broca）和卡尔·威尔尼克（Karl Wernicke）发现，这些特定的脑区分别以他们的名字命名。

情绪的“偏手性”最初是在因中风而损伤了一侧大脑的患者身上观察到的，这种现象促使目前就职于威斯康星大学麦迪逊分校的神经科学家理查德·戴维森（Richard Davidson）开始探究在没有脑损伤的情况下，大脑的不对称性如何影响我们表达情绪的方式。最早的研究之一基于一个实验，戴维森建议大家都可以自己在家试试这个实验[32]。站在镜子前，问自己一个需要略微思考才能回答的问题，比如“不错的反义词是什么”①。在你思考答案时，快速地注意一下你注视的方向。你眼睛看的方向与你用来思考问题的那侧大脑正相反。由于我举例说明的问题涉及语言，因此左脑在忙碌着，大多数人的眼睛会向右看。涉及空间图像的问题由右脑负责，在思考那类问题时你的眼睛则会向左看。

戴维森用这个有趣的实验来探究情绪。他让人们回想消极的情绪，比如“描述上次你哭泣时的情景”或者“对你来说，愤怒或仇恨哪种是更强烈的情绪”。人们的眼睛通常会转向左侧[33]。这证实了戴维森的怀疑，那就是右脑通常参与加工消极情绪，不过他需要进一步的证据，也就是来自大脑的明确证据。当时他能接触到的最好的技术是脑电图（EEG）。通过分布在整个头部的电极，脑电图能够相当准确地探查大脑电活动的波动，这样就可以记录哪个脑区参与了表达情绪。为了激发积极或消极的情绪，戴维森用剪辑下来的短视频引发快乐、逗趣、恐惧、悲伤或厌恶。

例如，10个月大的宝宝观看一个女演员大笑的视频时，会报以很有活力的微笑，他们的左脑变得很活跃。如果看到女演员哭泣，他们也会哭，这时他们的右脑充满了电活动[34]。对成人大脑的观察也发现了类似的电活动变化。在其他几项研究中，戴维森发现左右脑的不对称性是积极情绪和消极情绪表情差异背后的原因。快乐对应着左脑的活动，而厌恶对应着右脑的活动[35]。不对称的大脑活动还与迪歇恩的微笑有关，在这种微笑中，眼睛周围的肌肉会收缩。当影片引发积极的情绪时，观看者会出现比较多真诚的迪歇恩的微笑，他们的表现反映了左侧大脑的不对称活动[36]。

戴维森研究的重要意义在于，每个人都有可能在生活中表现出不同的左

① 此处原文为“indifferent（冷漠）的反义词是什么”。indifferent是由different（不同）加上否定前缀in-组成的，但它的反义词并不是different，因此这个问题需要想一下才能回答。同理，“不错”的反义词并不是“错”，而是“不好”，故作此译。——译者注

右脑默认活动水平，即使没有实验室中所使用的那类刺激，这些差异也会影响我们的行为和感受，无论是在积极还是消极的情境中。例如，戴维森发现婴儿左右脑活动基线水平的差异反映了他们在与妈妈分离时的反应。根据脑电图的结果，右脑比较活跃的婴儿在妈妈把他们独自留在房间里一小段时间时，会比左脑比较活跃的同龄婴儿哭泣和抗议得更厉害[37]。对抑郁者大脑电活动的测量进一步证实了这个发现，沮丧使他们较少感受到积极的情绪，相对于不抑郁者，抑郁者左脑的基础活动性确实比较低[38]。

但是在戴维森看来，比个体左右脑在活动性方面的差异更值得注意的，是不同个体同侧大脑在活动性方面的差异，比如两个不同的个体对同样的搞笑视频会有怎样的反应。在一些情况中，这种差异是巨大的。这意味着我们的大脑天生存在着差异，会对生活中的各种情况做出不同的反应。正如我在第 3 章和第 4 章中解释过的，每个人对创伤和丧失的反应都不同。这也适用于对积极事件的反应。我们具有不同的情绪风格，它们是遗传差异、神经回路和人生经历相结合的结果[39]。

你或许会奇怪：为什么大脑只用一侧处理积极情绪，用另一侧处理消极情绪？这种分工有什么目的？戴维森推测，这有助于减少对如何应对生活事件的困惑。人类趋利避害的基本能力是我们应对快乐和痛苦的策略。在需要躲避危险时，如果我们倾向于趋近，便会干扰回避的策略，这无疑是不利的。大脑把每种策略限定在一侧大脑中或许就是为了减少这样的错误。

享乐主义 VS 幸福主义

美国知识分子戈尔·维达尔（Gore Vidal）曾在广播中讲过一个令人难以置信的笑话，讲的是英国前首相哈罗德·麦克米伦（Harold Macmillan）拜访法国前总统夏尔·戴高乐（Charles de Caulle）和他的妻子。在会面中，麦克米伦问戴高乐的妻子她对未来的退休生活有什么期待。这位法国第一夫人脱口而出："阴茎（A penis）。"一开始英国首相完全懵了，不知道该如何应对这个惊人的回答。他试探着说："……我可以理解你的想法……目前没有很多时间做这种事。"后来麦克米伦意识到第一夫人的回答是"幸福（Happiness）"，非常浓重的法国口音让他听错了[40]。

不管这件逸事是真是假，戴高乐夫人的回答道出了大多数人的人生态度。一想到幸福，我们通常会把它看成是长远的目标。幸福就像是长途旅行终点处一个令人垂涎的奖品，只有经过长期的忍耐、牺牲，走过充满痛苦和不幸的道路，才能得到它，当生活井然有序时，当实现了长期目标时，当情况符合我们为自己构想的理想状态时，才能得到幸福：要有一份好工作，有忠诚的伴侣和家庭，有健康、无忧无虑的生活，生活事业处处如意。当然不存在理想生活的固定标准。每个人都有自己的抱负，但无论是什么，追求幸福是日常事务背后的巨大驱动力。我们知道自己需要为之努力，因为之后幸福就会降临。当有人问我："你幸福吗？"我通常回答："你能换一个问题吗？"这并不表示我不知道幸福是什么。但是如果有人问我在某个时刻的感受，我宁可说我挺快乐。

心理学和神经科学不是唯一研究幸福的定义和获得幸福之路的学科。哲学家很久之前就提出了解答。在哲学中，有关幸福的问题不可避免地变成了道德问题，比如最好的行为方式是什么，或者一个人应该怎么生活。

哲学家对幸福的本质和如何获得幸福的看法总的说来采用了两种基本方法。第一种是享乐主义（hedonism）。就像大多数经久不衰的哲学教义一样，它起源于古希腊，最早由亚里斯提卜（Aristippus）提出，后来哲学家伊壁鸠鲁（Epicurus）将其进一步发展。享乐主义本质上与我们最直接的快感有关。它鼓励我们追求满足，获得最大限度的愉悦，把痛苦减少到最小。事实上，享乐主义符合我们作为生物有机体的最基本目标，那就是获得快乐。

另一种获得幸福的基本方法是幸福主义（eudaimonia），字面上的意思是“美好的灵魂”。但是它经常被翻译成“蓬勃”或“美好的生活”。它涉及发现并培养潜在的真正美德，然后遵照它来生活。根据幸福哲学的观点，值得追求的不是享乐，而是美好的事物：知识、家庭、勇气、仁慈、诚实等。

当幸福主义占领道德高地时，就不可避免地形成了道德等级。确实，享乐主义的名声不好，这是因为享乐主义者的快乐往往被认为是短暂的。它们忽来忽去，依赖于偶然事件，很容易被痛苦所取代。正如我在本章一开始提到的，它们只是为了摆脱不太令人满意或愉快的情况。和朋友喝一晚上酒可能造成第二天的宿醉。相反，幸福主义与稍纵即逝的愉悦完全无关，它可以确保我们拥有稳定的快乐。

在历史上有一个时期，享乐主义得到了广泛重视，那就是启蒙运动时期。启蒙运动标志着理性的胜利，同时也是培育快乐和愉悦的沃土。事实上，追求快乐的复兴根植于科学重新赢得了公众的信仰。从大自然的角度来看，人类和低等动物同样具备一些基本内驱力，因此每个人生来都会寻求快乐。个体被鼓励追求成就，而快乐是通往自我改进的道路。

在前文中我谈到了蜜蜂、它们的多巴胺以及能带来回报的草地。在 18 世纪初，荷兰裔英国诗人兼内科医生伯纳德·曼德维尔（Bernard Mandeville）写过一首长诗，诗中用蜜蜂及其迷失在快乐中的能力比喻人类社会。这首诗最早发表于 1714 年，题目是《蜜蜂的寓言》（*Fable of The Bees, or Private Vices,*

Public Benefits）。他用蜜蜂作比的方式和古希腊寓言家伊索用动物来描述人类的方式一样。在曼德维尔看来，蜂巢象征着在道德上很放纵的社会，一群由各自的欲望驱动着的个体汇聚在一起。虽然每个个体都是自利的，但不知怎的，它们行为的总和会有利于整个蜂巢。用他的话说就是："每个部分都充满了邪恶，但整体却是天堂。"[41]

人类具有智力上的优势，因此可以审慎明智地选择并追求快乐。启蒙运动中的愉悦并非无节制的放纵，而是一种比较文雅的自我满足的形式，是一种态度。我们可以说它是戴高乐夫人被误听的回答和真实回答的和谐融合[42]。

其实享乐主义和幸福主义并非彼此排斥。你可以在培养品格和美德的同时，练习享受乐趣的能力。愉悦并不总是等同于自私、短暂的满足，也可以来自更高尚的目标。我们可以一边心存享乐主义的动机，获得短暂的快乐，一边留意自己的长期计划。短暂的奖赏并不妨碍自我改进。总之，你可以在享乐的同时追求长远的幸福。为了避免愉悦的弊端，比如过度成瘾，你可以从嗜好中获得乐趣。人生短暂，但如果过得不快乐，那么它会变得更短。从根本上说，你不需要等到退休再去追求幸福。在愤怒、恐惧和内疚中度过的人生比用快乐构成的人生更短暂。快乐的时刻汇总起来，就形成了幸福的人生。

快乐的时刻，在笑声和好心情中度过的时光，对幸福确实会有影响。我们可以在身体上发现这种影响的痕迹。

例如，找一张你童年或青春期时的老照片，看看你是否在笑，由此就可以知道你现在的快乐程度。美国的两位研究者翻阅了 1958 年和 1960 年旧金山湾区一所私立女子大学的年鉴[43]，在其中寻找真诚的微笑。正如我在前文中提到的，如果你笑的时候眼角没有起皱纹，那么你可能不是因为开心而笑的。在年鉴照片上的所有微笑中，只有一半的微笑是真正的迪歇恩的微笑。

这个研究的目的是发现个体在人生早期的情绪倾向是否会影响成年后的人格和人际态度。为此，研究者对那些微笑的女生进行了30年的追踪研究。事实证明，在照片中表现出明显快乐迹象的女生，也就是带着迪歇恩的微笑的女生，拥有更美好的生活。她们比较有同情心，和蔼可亲，也更有可能感受到快乐和同情。总之，她们不太容易反复陷入消极情绪。研究者专门查看了这些女性的婚姻状况。那些笑容真诚的女性更有可能在27岁前结婚，在52岁时依然是已婚状态，而且对婚姻关系感到满意。

一项类似的研究查看了参加1952年赛季的美国棒球联盟球员照片上的微笑。这次研究者检验的是真诚的微笑是否能预测球员的长寿。确实，那些带着迪歇恩的微笑的球员平均会比没有带着迪歇恩的微笑的球员多活5年，比根本不笑的球员多活8年[44]。8年可不是微不足道的差异，值得我们从小就学习真诚的微笑。眼轮匝肌的收缩也标志着从悲痛中走出，丧亲者通常在失去亲人两年后才能恢复眼轮匝肌的收缩[45]。

卓别林说："没有大笑的一天是浪费了的一天。"对于大笑是否真的是情绪的灵丹妙药一直存在着争议。但是如果微笑能够延长你的寿命，那么大笑很可能也有助益。即使没有其他帮助，大笑至少能缓解痛苦的状况。科学家再次用一系列视频证明大笑能够提升观看者的疼痛阈限。当给被试看事实性的纪录片时，什么也没有发生。当给他们看喜剧视频时，笑出来的观看者能更好地承受紧紧扣在他们手臂上的套箍或者冰冷的冰酒器所引起的疼痛[46]。一群人一起看喜剧、一起欢笑的效果比独自一人的效果更好。疼痛阈限提高的原因是多巴胺的释放。

一般来说，积极的性格确实能改善身体健康。相对于悲伤、紧张或愤怒，平静、欢乐和坚强甚至能增强对感冒的抵抗力[47]。

测量幸福

无论你是否像我一样，被问到幸不幸福时会感到不自在，心理学家已经开始研究如何量化幸福了。典型的幸福调查探究人们在所有考虑因素上是否对生活感到满意、满意的程度，或者是否希望改变什么。

在经济学家理查德·莱亚德（Richard Layard）关于幸福科学的著作中，他谈到了幸福的7大要素：健康、事业、收入、自由、个人价值、家庭、社会关系和朋友[48]。与通常的想法不同的是，金钱和财务状况对幸福的影响很小，收入增加并不一定会提升幸福感。富人并不比穷人更幸福。调查显示，一旦我们的收入足以满足基本需求，多余的金钱并不能买来幸福[49]，只会使人欲求更多。

我们选择如何花钱似乎确实能影响幸福水平，尤其是把钱用于自私的消费，还是采取比较利他的方式。美国的一项调查让大约600人报告他们的幸福程度和收入状况，然后让他们列出每月收入中有多少用于日常开支，多少用于给自己买礼物，多少用于捐助或给别人买礼物[50]。比较幸福的人是为别人花钱比较多的人。与之类似，调查者让一些员工评估发奖金之前和之后的幸福水平，并报告他们如何使用这笔奖金。如果把钱花在给别人买礼物、捐给慈善机构或请朋友吃饭上，而不是花在给自己买东西上，他们的幸福程度明显更高。重要的不只是意外之财的金额，对他人的慷慨才是获得幸福感的重要因素。不只考虑自己、帮助和关心他人通常能带来幸福。谦逊的态度会增加我们获得的回报[51]。

有时候，尤其是在陌生的人群中度过了混乱的一天后，或者在乘坐拥挤的地铁下班回家后，我们会希望独处，享受远离人群的奢侈和独处的安宁。但是对幸福的研究清楚地显示：不孤独会使我们更幸福。在所有影响幸福感的因素中，目前为止最重要的因素是建立社会和情感联系。生活在人群中已经足够有益，更好的是周围人与我们有着有意义的关系。因此，几千个微信好友并不重要，除非他们都是好朋友。

令人满意的社会关系能够改善生活品质，还能明显延长寿命。对世界各地大约 30 万人的死亡率研究进行系统性综述后发现，与社会关系糟糕或不足的人相比，拥有令人满意的社会关系的人生存概率会提高 50%[52]。拥有好朋友的效果几乎等同于戒烟，甚至比锻炼身体或戒酒的效果更好。

朋友能够令我们精神振奋，且友谊的影响不只是表面上的。如果积极情绪有益于身体和健康，那么我们就应该能发现这种改善的身体指标。

在搜寻这类线索时，心理学家芭芭拉·弗雷德里克森（Barbara Fredrickson）发现了一个神经层面的测量指标，那就是迷走神经。大脑有一条长长的尾巴。在前文中我提到过迷走神经在达到性高潮中的作用，它对社交互动似乎也有帮助。一般来说，迷走神经发挥着通信工具的作用，它感知主要器官的工作情况，把这些信息传回大脑。检验迷走神经是否功能正常的一个指标是心迷走紧张（cardiac vagal tone），反映了呼吸时心率的变化。尽管我们感觉不到，但吸气时，脉搏会稍稍变快一点，呼气时则会稍微慢一点。迷走紧张相当于这些波动之间的差异量[53]。

弗雷德里克森提出，心迷走紧张反映了身体健康状况和感受到积极情绪的倾向，事实上这两者是相关的。高迷走紧张使你能够利用积极的情境。正如弗雷德里克森所说，它使你可以通过积极时刻的额外价值，构建有助于提升幸福感的个人资源。建立并重视社会交往对此具有促进作用。

在一个实验中，弗雷德里克森和她的合作者对一些个体的迷走紧张进行了连续 9 周的监控，同时监控了他们与朋友亲人的日常互动相关的幸福感[54]。

一开始就具有较高迷走紧张的人社会联系增加得很快，并报告说感受到了快乐、爱、感激或希望等积极情绪。与此同时，社交联系和积极情绪的改善也预测出他们在研究结束时迷走紧张的提高。从根本上说，这项研究的发现是当我们发展亲密的关系、促进与他人的社会交往时，我们的心迷走紧张得到了调节，它又反过来支持并稳定了我们的积极情绪。这是身体健康与心理健康之间完美的互惠交易。在上述研究的追踪研究中，弗雷德里克森提出了进一步的问题：人们是否可以刻意地改善自己的迷走紧张。她用冥想技术来引发爱、善意、对自己和他人的同情等积极情绪[55]。较高的迷走紧张与冥想方法相结合不仅改善了对社交关系的认知，而且增加了积极情绪，反过来再一次提升了最终的迷走紧张。

这些研究令我着迷的地方在于神经生理方面微小但有意义的改变会如何影响我们的社交行为。有趣的是，迷走神经的分支所连接的肌肉正是控制着面部表情和凝视的肌肉，它还与中耳里的肌肉相连，这些肌肉能够加强我们适应人类声音频率的能力。因此，积极的迷走神经活动使我们具有了从事社交行为所必需的特性。

因此，在有意义的友情和社会互动上进行投入是明智之举，有利于你自己和他人的身心健康。达尔文曾说:“一个人的朋友是衡量他价值的最佳方法。”

所有这一切意味着，虽然我们的目标是实现理想和理想的生活，但依然可以享受过程。在追求遥远的幸福时，我们可以练习技能、发展美德、享受愉悦，事实上它们有助于我们实现目标，还有可能缩短达成理想的过程。

尾声

早起的好处实实在在，它使我有机会细细品味完成十四行诗的小小胜利，让自己完全沉浸在短暂的狂喜中，脑中没有什么想法，只是感受清晨时的声音和光线。清晨散步的乐趣非常难得：从身边经过的晨跑者会和你打招呼；你可以对陌生人微笑一下，选一个人进行当天的第一句交流；你可能会遇到一群漫步的狗，可以买到最新鲜的百吉饼，还可以帮邻居取报纸。

当被限定在重复性习惯的边界之中时，我们会变得对周围环境视而不见。我们内心的目光只投射在遥远的目标上，忽视了当下获得快乐的机会。但是快乐，哪怕只是一个小乐趣，也能给予我们更好的洞察。因为快乐还有其他作用。它可以控制恐惧，使我们暂时忘却，这样我们就可以乐观地重新看待事物了。只要放手，快乐就能够自己成长。假如我发现了一个快乐的理由，无论是多小的快乐，新的快乐也会通过某种捷径出现。我不知道那条捷径是迷走神经，还是其他通路。

还有一个我喜欢的获得快乐的窍门。1962年，美国作家詹姆斯·鲍德温（James Baldwin）在《纽约客》上发表了一篇优美的文章《来自我心中的一个地方》。他在文章中讲述了黑人在美国的状况。有一段文字写的是爵士乐的力量，他说只有黑人真正知道这种力量源自哪里。其中有一句值得珍藏的话："我认为满足于感官就是尊重和享受生命的力量以及生命本身，活在当下所做的一切事情中，无论是爱还是进餐。"[56]正如鲍德温自己所说，这里的"满足于感官"并不是大多数人认为的意思。我把满足于感官的能力解释为能够掌控自己的行为，使行为充满意义和价值，而不是就让它们那样发生在你身上，就好像你不相信它们。

鲍德温的劝勉很难做到，但会带来非常棒的结果。自从第一次读到这句话，它就萦绕在我的心头。它也是希望和力量的来源，每当需要时我可以依靠它来提醒自己。除了完全投入我们所做的每一件事中之外，还有其他做法吗？[57]如果我在写诗、打鸡蛋、刷墙、挂一幅画、演奏钢琴或洗碗，我希望使这些行为的价值充分发挥出来。同样，如果我把时间花在朋友身上，倾听他们的讲述、给他们买礼物或者帮助他们，我也希望充分享受这些行为，相信这是慷慨的表现。

我们甚至可以概括地说，鲍德温的这句话把享乐主义和幸福主义结合在了一起。它有助于你发现自己最喜欢做和最信奉的事情，劝勉你细细体味它、掌控它，加强由此获得的快乐，逐渐构建你的理想未来。找到它需要勇气和决心，一开始可能令人畏惧。但是记住，恐惧和勇敢是同一枚硬币的两面。如果你练习快乐，让它发生在你身上，勇气就会出现。就像威廉·詹姆斯建议的那样，用吹口哨来保持勇气。

我在纽约取得的小小的创作成就本身并不值得夸耀。但是我知道，我很快会在写作上遭遇新一轮的挫败，在下一次痛苦之前，我不应该忽视这暂时的快乐。我希望分享它。

我从小就知道友谊和欢宴的重要性，我们家的朋友经常三五成群地来按我家的门铃，哪怕是在晚上，这时我母亲总会很快地即兴做出很多人的饭菜。"是我们！"他们会在门外大喊。一段时间后，她发明了一种意大利面，成为这种情况下的常规食物。它被母亲称为“我做的意大利面”。朋友们会谈论各种各样的话题，从最近的政治问题到最新的电影或书籍，再到当地的小事件。他们会分享日常的成功与失败，一起筹划度假计划。夜晚如何度过并不重要，重要的是共度时光。这些聚会总会有音乐相伴。钢琴被掀开，谁想弹就弹，还会有人唱歌。每个人都很开心。这种临时的到访给我带来了很多快乐，也对所有人都有益。

结束了早上的散步，在回到公寓之前，我在杂货店买了些食物，给朋友们发了一条短信:“一起吃晚餐。早点来，我们一起做！”我会做记忆中童年那些夜晚家里做的饭菜，让它变成“我做的饭菜”。

7°C

爱 综合征与十四行诗

相比责任，爱是更好的老师。

——爱因斯坦

我承认除了爱，我什么都不懂。

——柏拉图

HOW WE FEEL 

我记得一切开始于四月初的一个周日下午，当时我在德国南部的海德尔堡读研二。

我计划和同一实验室的几个朋友一起沿着河骑自行车，骑到很远的地方。但是那年的春天来得比较晚，不确定周末的天气会怎样。乌云飘来飘去，恼人的毛毛雨迫使我们改变了计划。晚饭后看场电影似乎是个不错的选择，于是我们约好在电影院门口碰面，看晚上6点的电影。就像经常发生的情况一样，我到早了，便在卖冰激凌和爆米花的售货摊旁边等着，看着来来往往的路人。

雨暂时停了，在我转头查看朋友们是否从马路上走过来时，看到了令我难以忘怀的事情。

在马路对面，站着一个高高帅帅的年轻人。他曲着一条腿，抵在墙上，手臂里抱着一个很大的大提琴盒，明媚耀眼，引人瞩目。看起来他也像在等人。我们的目光碰到一起。周围环境在我的感知中变得模糊起来，我觉得被吸引到了另一个现实中，现在即使有大楼在我旁边倒塌，我也不会注意到。我在他的脸上看到了快活，还有一丝好奇和吃惊。然后他恳切地笑了笑，我报以微笑，就好像承认我们俩都渴望发现并更好地了解某些事情。我完全呆住了，思考着该怎么做。我不希望表现得太热切，但无法把自己的眼睛从他身上移开。我想走过去，问一问他的名字，更近一些观察他的脸。他是游客吗，是巡回演出的音乐人，还是学生？如果是学生，我怎么可能以前没有见过他？

当我问自己这些问题时，那个男孩开始向我走过来。这真是令人难以置信！我闭上眼睛，有一刻竟然喘不过气来。我赶紧想出一些友善而聪明的话，但是就在他走近时，这一切中止了。“我们到了，抱歉来晚了！”碰巧他的朋友和我的朋友同时出现了，我们最终没有战胜害羞，什么都没说。这个不知名的帅哥和我对望了一眼，然后我在朋友们的簇拥下走进了电影院，而他和他的朋友向着主广场走去。他脸上不灭的光彩在电影院的黑暗中像炫目的余像，使我看不清电影的画面，它被牢牢地嵌入我的许愿池的深处。

直到今天，我依然记不起那天看了什么电影。那一点儿都不重要。

我的全部注意力毫无保留地集中在这个之前我在镇上从来没有见过的新人身上。当我走出电影院，他显然已经消失得无影无踪，我开始痴痴地想自己是否还能再见到他。

在接下来的几天里，我好像在发烧。一天中的情绪大起大落，我发现自己在做白日梦，而且焦躁不安，无法入眠。我常常想到他，主要因为我害怕忘记了他的面容。

爱就是疯狂。在爱炽热如火的最初阶段，我们的恐惧、欲望、对生活的展望、优先级的安排都会发生改变。我们沉浸在狂喜之中，深深地爱着某个人，感觉与整个世界一片和谐。我们变得乐观，忽视了那些曾经烦扰我们的事情。

如果我们欲求的对象令我们朝思暮想，那么他也是我们获得认可的来源。我们强调他们吸引人的特性，也在接近他们时寻求对自身价值的证明。我们享受被注意、被欣赏的感觉。我们需要的是满足感，感受到自我价值得到了尊重。爱无疑位于情绪彩虹积极的那端。大部分情况下，它是快乐之源。在所有情绪中，爱可能是最复杂、最模糊、最不可预测的，但它也是最有益的情绪之一，无论是在给予爱还是在获得爱的时候。单单是爱中就包含了快乐、焦虑、嫉妒、悲伤、愤怒、内疚和遗憾等情绪[1]。几乎每个人在人生的某个阶段都曾对爱充满了兴趣，或者听任爱的摆布。2012 年谷歌上被搜索最多的问题是“什么是爱”[2]。

在前面的章节中，我指出有意义的友情是非常重要的快乐来源。然而对很多人来说，爱意味着对彼此的喜爱，是两个个体之间的感情。爱胜过友情。大家可以一起做朋友，但我们寻求专一的爱。尽管爱很难定义，更难获得，但真正的爱是很多人终极的人生目标之一。

柏拉图之爱

直到 20 世纪下半叶，对爱的分子解释还没有非常普及。在我们的文化意象中，爱不是由分子和 DNA 单元组成的，而是由情欲、不可思议的激情时刻和交融组成的，充满激情，转瞬即逝。爱和爱的秘密属于私密的话题。它渗透在与朋友和爱人的亲密交谈中，他们分享各种爱的成功和失败，寻找教人如何去爱的准则和先例。

因此人们会问：我们可以在实验室中研究爱吗？可以把爱装在试管里吗？从神经科学的角度来看，我们对爱的了解依然很贫乏。神经科学家充满好奇、雄心勃勃，试图把爱分解成它的神经组成。从确立浪漫的爱情关系到性愉悦、母爱、依恋关系和失恋，越来越多遗传、神经化学和脑成像的研究在试图解释爱的各个阶段和种类。毫无疑问，这种强有力的情绪会体现在身体显著而切实的改变上。

例如，把注意力都集中在一个人身上，想象与对方在一起的前景，这些情况都会体现在认知和情绪生活的巨大改变上，当然神经元的连接也会发生巨大的改变。

然而在我这份痴情的初期阶段，我的神经科学知识和实验室经验对理解所发生的事情或我的感受几乎毫无帮助，我只知道我的大脑一定在统筹着激素的分泌，这时的激素会比平时更多。

你可能想知道：我找到那个帅哥了吗，或者我又见到他了吗？

当然，而且我们很快就又见面了。爱是一种具有煽动性的激情，也是有力的促进因素。我开始不屈不挠地寻找他。我好几次回到市中心和电影院周围，希望再次遇到他。我向朋友们打听消息，徘徊在镇上各个图书馆，细细地搜索我去的每个酒吧。当然，我还查找了所有的古典音乐会，万一他在镇上或大学的管弦乐队里演奏呢。我为了这个一面之缘的男人奔忙着。

最终我的执着和不停搜寻有了收获。出乎意料的是，这个陌生人再次出现时是在海德尔堡一个露天游泳池里。谁能预料得到？我记得我已经游了一个小时，正准备离开，这时看到他从更衣室里走出来，我决定留下来，而且一定要和他聊一聊。

又游了 1 600 米的自由泳之后，我们终于定好了一次约会。

疯狂没有减退，反而变得更强烈了，还夹杂着一点点焦虑。见面那天我非常激动。就像我在前面章节中所解释的，对快乐和奖赏的期待足以带来巨大的幸福感。在德语中，这是常识：Vorfreude ist die schönste Freude，意思是“期待是最大的快乐”。它令人兴奋，就像蜜蜂找到了最好的花园，我觉得自己发现了最好的花朵。

我急切地寻找着怎样才能表现得最好的建议，那天下午我很早离开办公室，一头扎进柏拉图有关爱的著作中，相信自己能从这些书页中找到灵感[3]。幸运的是，这位古希腊哲学家告诉我很多爱的动态关系，即使在 20 世纪，它们依然很有帮助。在《斐德罗篇》（*Phaedrus*）中，柏拉图清楚地讲述了爱的疯狂。他承认爱具有神圣的起源，在我们的生活中发挥着重要而有益的作用。作为神圣的天赐，爱能产生善，促使我们向善。爱的体验就像是被诗人的灵感女神缪斯迷住，类似于醉酒后的疯狂或麻醉品引起的快感。如果没有这种体验，仅凭语言学识或技巧，是创作不出好诗的。

爱甚至比艺术诗歌女神所引发的疯狂更高洁，恋人所感受到的神圣的痴迷是当我们看到或想起真正的美时所表现出来的疯狂。柏拉图形象地描绘了爱的状态。爱令人振奋愉快，使我们渴望展翅高飞。我们当然做不到这一点，于是我们坐立不安，不停地颤抖，凝视着天空，想要把自己升高，这让我们看起来好像疯了。这位雅典哲学家还探讨了怎样才能成为一个成功的情人。为了吸引并征服所爱之人，我们应该如何将对话技巧、风趣和魅力结合起来运用？是否应该爱一个对我们的热恋不作回应的人？爱是一种不懈的冲动，会产生内心的挣扎。柏拉图用一则比喻来举例说明这种焦虑，如今这则比喻受到了广泛的歌颂。他说心智（用他的话说就是 nous）就像驾驭着两匹飞马的御者。其中一匹马崇高、具有善良的本性、温顺驯服;另一匹马正相反，没有理性、散漫、很难驯服。

这个比喻很适合用来解释爱。柏拉图的这个比喻充满了诗歌与哲学的影响力，反映了爱的进退两难。这种困境始终存在，依然令如今的恋人苦恼：我们是应该凭着直觉追求愉悦，甚至不惜损耗身体，还是应该让理性和判断力控制我们的行为？针对恋爱和求爱的早期阶段，这个问题应该是：让疯狂支配我们是有益的吗？是否应该把最强烈的情感留到我们确定已经征服了对方的时候？用现代的方式来表达就是：我们应该欲擒故纵，还是应该采取主动？

对柏拉图提出的爱存在着一种普遍的误解，那就是这种爱完全不包括性爱。根据柏拉图的观点，爱充溢着欲望，一开始是对身体之美的渴求，但是这种欲望会发展成熟。一段时间后，它会把自己从感官的专制统治中解放出来，思考其他更高尚的美的形式，比如个人之美和道德之美，哪怕这类美被困在衰老的身体里。最后，爱会上升到最高阶段，类似于学者对知识的热烈追求。爱变成了共享的、共同的探索，能够产生美好的情感和观点。

在第一次约会的夜晚，那个陌生人和我充分发挥了想象力。我们设想了近期和长远的未来，设想了所有的情景。我们会一起吃饭，看展览，到异国他乡去旅行，这标志着持久关系的开始。我们会一起工作，一起创作。我们还梦想着在沙发上度过夜晚，一起逛农贸市场，在当地的山里远足，开车在葡萄园间游览。我们有说不完的话，乐趣无穷。我们都深信我们会发现爱的最高形式，这段正在开始的关系将会发展为完美的关系。

一见钟情

我想说，那个陌生人对我产生了多么持久的影响啊，他是非常强有力的“外部刺激”。我见到他仅仅不足 5 分钟，便决定追求他。就像萧伯纳所说：“爱就是将某个人与其他人之间的区别无限扩大。”在人群中多看了你一眼，便足以产生无法抗拒的身体反应和心理反应。我们是否会爱上只见过一眼，对其几乎一无所知的人呢？

爱始于相见，诗歌不断强调视觉在引导丘比特之箭上的重要作用。在奥维德的《变形记》中，光之神阿波罗看到女神达佛涅后，疯狂地爱上了她。他开始追求达佛涅，尽管达佛涅对他没有兴趣。罗密欧偷偷潜入凯普莱特家族的聚会，对朱丽叶一见钟情，他说：“我的心曾经爱过？我发誓没有，看！因为我从未见过真正的美人，直到今晚。”

阿波罗、罗密欧和电影院入口处的我似乎都受到一股飘忽不定的力量的支配，它点燃了我们无法控制的激情。难怪维纳斯和朱庇特的儿子爱神丘比特会表现为一个小孩，他任性地射出他的箭，随意地把两个人撮合在一起。无论是否有丘比特的帮助，我们为什么会被某个人吸引，而不会被另外一个人吸引呢？想一想派对的场景。如果我们的目的是找到爱人，那么当进入拥挤的房间时，我们首先会做的事情是快速扫描一遍，发现并聚焦于我们认为可能适合我们的人。

早在神经学出现之前，光学启发人们用充满诗意的方式表达爱。在 13 世纪的西西里岛，在伟大的神圣罗马帝国皇帝弗里德里希二世（Frederick Ⅱ）的宫廷诗歌里，点燃爱情的是视觉事件。各种各样的科学家、艺术家聚集在腓特烈的宫殿里，其中有一位非常有才华的公证员兼诗人贾科莫·达·伦蒂尼（Jacopo da Lentini），他很擅长创作十四行诗，这是他吟咏爱情时喜欢使用的形式。正如我在前面章节中提到的，我也很喜爱十四行诗，巧合的是，我成长的地方离贾科莫的家乡伦蒂尼不远，这里也是十四行诗的诞生地。以下是贾科莫最著名的十四行诗：

爱是一种欲望，它由心而生

透过充盈的巨大快乐

眼睛最先产生爱，心给予它滋养

……因为眼睛把它们所看到的一切都展示给心，无论好坏……[4]

如今我们知道，爱的主要器官不是心。无论爱之箭到底是什么，它会射穿眼睛，刺入大脑深处，直达丘脑。视觉信息在丘脑得到加工，然后被传递到梭状回面孔区。在见到另一个人时，我们通常会最关注面部。面部能够透露出一个人情绪状态的线索。专门负责人脸识别的脑区与杏仁核及前额叶皮层相连，这是情绪体验的两个调节器。

很多探究爱情的研究会给接受脑扫描的被试展示恋人的照片。在扫描仪里，你肯定不能再造浪漫相遇的全部体验，但可以试着观察视觉输入如何唤起并保持一个热恋者的情绪反应。2000 年，伦敦大学学院的安德烈亚斯·巴特尔斯（Andreas Bartels）和萨米尔·泽基（Semir Zeki）请一些自称正处于热恋中的人参加他们对恋爱的神经系统的研究[5]。在扫描过程中，所有被试都会看到恋人的彩色照片，他们的恋爱关系平均持续了两年多一点。在另一项类似的研究中，罗格斯大学（Rutgers University）的阿瑟·阿伦（Arthur Aron）、海伦·费希尔（Helen Fisher）和同事招募了同样数量的正处于热恋中的被试，只是他们的恋爱关系最长持续了 17 个月，因此处于恋爱的早期阶段[6]。

除了测量大脑活动以外，所有被试还要完成问卷，以此对他们的恋情进行评级，量化他们的爱情。研究者要求他们对一些陈述打分，比如“X 时时刻刻都在我心里”“我对 X 具有强烈的吸引力”“我渴望了解 X 的全部”“当我做让 X 开心的事情时，我也感到开心”[7]。这些问题听起来可能很普通，但它们确实有助于心理学家评估恋人的热恋程度。

两项研究是互相吻合的，揭示出类似的结果。最活跃的脑区是皮层下的两个区域。一个是腹侧被盖区，它覆盖着脑干。另一个是尾状核，它是位于大脑中心的一个形状像字母 C 的结构，横跨在两侧丘脑之上，之所以被命名为尾状核，是因为它的前部较宽，有一条比较细的尾巴（见图 7-1）。实验结果还包括另一个皮层下脑区伏隔核。正如我在前面章节中所描述的，所有这些脑区主要调节奖赏与动机，它们浸泡在多巴胺中，能够唤醒欲望。腹侧被盖区和伏隔核也与视觉系统相连。

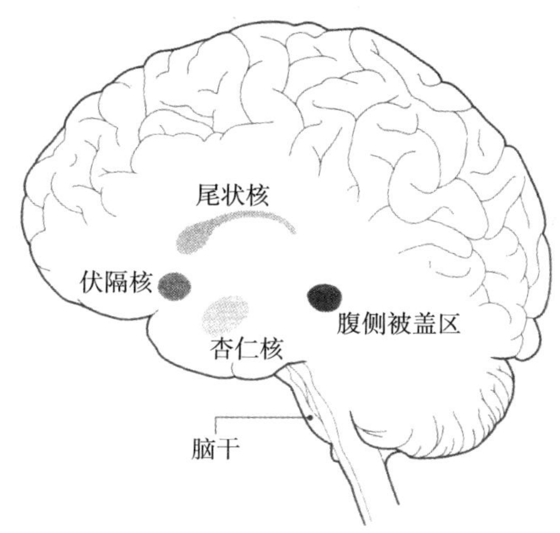

图 7-1　当看着恋人的照片时，功能性磁共振成像显示出的活跃脑区

任何热恋过的人都认得出与多巴胺相关的行为：过度活跃，惊人的积极性，不知疲倦。因为痴情，我在写诗中度过了很多个不眠之夜。

多巴胺能够帮助我们集中注意力。当我们热恋时，它使我们把大部分注意力集中在恋人身上。我们只想着这一个人，无法思考其他任何事情。他被排在最高的优先级上，周围人都变得无关紧要。这种固定而专一的注意力使我们能够聚焦于热恋对象的细节，并记住这些细节。我们能记住他们的穿着、他们说的话，能描述出和他们一起就餐的餐厅、分别时他们的面部表情。

功能性磁共振成像还显示，此时杏仁核的活动性降低了。杏仁核是情绪生活的中心，恐惧反应主要产生自这里。难怪在热恋阶段看到所爱之人会导致杏仁核的活动性降低，而在很早的阶段并不会如此，因为看到所爱之人产生的欢欣、信任和安全感会驱除恐惧[8]。

高潮之后的低谷

对渴望之物的盲目崇拜和赞美不会一直持续下去，恋爱初期的疯狂也不会。一段时间后，当我们能够再次进行清醒的思考时，对恋人的看法会有些改变，具有误导性的伪装会被脱去。我们会感到疑惑：这一切究竟是怎么回事？

我和我的男朋友互相崇拜、激情四溢地过了几个月后，我们的关系发生了一些显著的改变。并不是我们彼此感到厌倦了，而是逐渐发现了对方的特点，以及我们爱着对方的方式，而这些已经不再令我们心旌摇曳。我不会在此赘述细节，只是我开始慢慢地发现，他对生活的态度中有一些不招人喜欢的方面。令人难过的是，有时候他和我在4月那个周日见到的人判若两人，而我和心目中的那个人确实共度了一些充满深情并有所收获的时光。总之，我们意识到我们还没有准备好为共同生活寻找最适合的方式。是什么改变了？或者说，在初次见面时我们忽视了什么？

我们常常听到这样的说法：爱本质上是盲目的。爱不仅是盲目的，而且存在着很多想象。法国作家司汤达（Stendhal）30 多岁时在米兰遇到了玛蒂尔德·登博夫斯基（Mathilde Dembowski），陷入了狂热的暗恋，为此写了一本以爱情为主题的作品，其中大部分源自想象。他把爱上某人比作一种自然现象，称为“结晶化”（crystallization）[9]。如果把一根棍子长时间放在盐矿中，当你再把它拿出来时，棍子上会覆盖着一层晶体，看起来跟原来完全不一样，不再像一根棍子了。当我们被某人吸引时也会发生类似的现象。我们义无反顾，想象着在现实中不一定会发生或维持的幸福和谐时刻。不仅如此，我们还会修饰我们迷恋的对象，往往是把我们自己欠缺且希望拥有的特点加在他们身上。这并不令人吃惊。我们很少会被自己已经拥有的东西吸引。

在我最初遇到那个人时以及和他的早期约会中，他的面孔深深地打动了我，他看起来完美无瑕。在热恋中时，我们的认知失去了判断力，对方只要稍稍表现出我们渴望拥有的特点，就会令我们非常欣喜。假设我们渴望拥有很好的幽默感，那么即使恋人讲的笑话很普通，我们也会觉得好像一流的单口相声；随意的一条漂亮围巾体现了优雅和对服装的品位；对自己信念的坚定言论会被视作令人崇拜的自信。

有趣的是，从脑成像中能够观察到爱的这个特点。给被试看恋人的照片时，一些脑区的活动性会降低，这些脑区负责的是加工消极情绪、形成对他人的评判、感知与他人相关的自我[10]。这种神经活动类似于在观看戏剧时姑且相信状态中的神经改变。

我曾在第 2 章详细探讨了在解释功能性磁共振成像结果时需要多么小心谨慎，把一种情绪的特质明确地定位在某些脑区是多么困难。试图通过脑扫描来理解像爱情这样复杂的情感听起来极其野心勃勃，甚至是幼稚之举，它减损了情感的崇高与庄严。但是热恋中某些脑区的不活跃是可以理解的，原因如下。

首先，在热恋阶段，我们很难对热恋对象做出不偏不倚的评价。我们注意不到他们令人讨厌的特征，即使注意到了，也不会把它们看得很严重，或者不认为它们会愈演愈烈，而只会预期对方的好品质会增加。即使我们做出评价，通常也会是宽容的、称赞性的。从根本上说，不偏不倚的评价已经消失了。法国哲学家罗兰·巴特（Roland Barthes）将爱人比作一位艺术家，他的世界被“颠倒”了，“在这个世界里每种想象都是其自身的结果”[11]，就好像在恋爱中不存在超越这种想象的事物。恋人成了幽灵，是想象的产物。

其次，在恋爱中最常反复出现的情感之一是我们和吸引我们的人达到了身心的协调一致，这种协调一致既是牢固的，又是谦卑的。它缩小了身体和心理的距离，随着对对方愈发信任，我们会把信念和观点上的明显分歧搁置一边。恋爱时我们会降低壁垒，减少防御性。恋爱中活动性降低的脑区与性唤起、性高潮时额叶皮层中活动性降低的脑区存在很大程度的重叠。毕竟，性交是最接近人们在恋爱中渴望达到的灵肉结合的状态[12]。

情绪背叛了眼睛

早期的热恋是具有欺骗性且持续时间较长的余像。

一种叫作“替身综合征”（Capgras syndrome）的奇怪的神经综合征是一个很有趣的例子，说明情绪会如何背叛视觉。患有替身综合征的患者在其他各方面都很正常，只是会把亲近的熟人看成是冒名顶替者，这些人通常是与他们关系亲密的人。1923 年，法国医生约瑟夫·卡普格拉（Joseph Capgras）最先报告了这种综合征，他在论文中描述了 53 岁的 M 夫人的惊人病例[13]。

M 夫人报警说她的丈夫突然失踪了。事实上，她的丈夫正在家里等她，但是 M 夫人坚信和自己一起生活的人不是自己真正的丈夫，而是看起来很像他、偷了他的身份的替身。在一段时间里，M 夫人不断产生类似的幻觉，编造出全新的现实。在大约 5 年中，她称有数千次遇到不认识的“先生们”，他们都自称是她的丈夫。每一个都是前一个的替身，她在每一个身上都发现了不熟悉之处。卡普格拉医生把 M 夫人的想象性疾病称为“慢性系统性妄想”，他猜测这种病与错误地解读视觉信息有关[14]。

在 M 夫人之后，出现了很多类似的病例。在一些病例中，症状是在脑损伤后出现的。研究显示，患有这种综合征的患者能够识别所爱之人的面孔，但无法体验到熟悉通常能引发的情绪。认出某人和体验到与他们的情感联系是大脑中两种不同的任务。粗略地讲，梭状回面孔区专门负责前者，杏仁核则加工后者，我们的情绪性记忆就是在杏仁核中产生和存储的。神经学家推测，导致替身综合征的原因可能是功能不同的这两部分脑区之间的连接中断或通信错误。有趣的是，事实证明这种连接中断具有特异性。当所谓的替身不在场时，比如当患者在电话中听到伴侣的声音时，他们能够辨认出自己的伴侣，产生情感反应。

替身综合征令很多研究者着迷[15]。第一次听说这种病时，我对将它作为检验爱情的棱镜很感兴趣[16]。是否有很多人曾经感到好像突然不认识自己迷恋的那个人了，不是字面意义上的不认识，而是情感上的？毕竟，我们对自认为非常了解且非常珍爱的人的看法有时并不符合事实。当发现我们之前从未注意到的缺点时，所爱之人会渐渐变得陌生。他们实际上变成了冒名顶替者。

为什么爱会改变？是因为我们和所爱之人在不断改变，还是因为情绪背叛了我们的感官知觉？或者只是因为我们的眼睛不断需要新鲜感以维持我们的欲望？

在替身综合征中，对恋人的视知觉本身显然没有任何问题。问题出在对视知觉的解释上，换言之，问题出在我们通过情绪对视觉信息做出的判断。

莎士比亚在他的第 148 首十四行诗中描述了视觉判断与情绪判断之间的对立。

> 唉！爱神给了我什么样的眼睛，
> 使我完全认不清真正的景象！
> 即便能看，却无力判断，
> 竟错判了眼睛所见到的真相？

对替身综合征的研究让我们了解了爱的一个基本方面：我们认为自己爱着的人和真实的他们之间的差异。这种差异在已经在一起很长时间的恋人身上也会出现，但很大程度上源于早期阶段，此时爱的兴奋与欣喜会使我们根据自己理想中的伴侣，创造出完全扭曲的投射。

问题是我们经常希望回到爱情如火般炽烈的初期，渴望恋爱之初爱得发狂的状态，希望永远像朱丽叶和罗密欧一样。罗密欧和朱丽叶是永恒爱情的象征。这一对年轻的意大利恋人没有机会遗憾热恋的终结，因为在感情衰退之前，他们就死去了。

每年的情人节是恋人们纪念浪漫恋情的仪式。对于已经在一起一段时间的恋人们来说，这是重新点燃恋爱初期的激情的一个借口。在一起较长时间的恋人很清楚他们可以通过引入新事物重新激发吸引力，无论是性方面的，还是改变发型、穿新衣服、买鲜花或给对方惊喜。他们以此来戏弄多巴胺能神经元，满足对新奇感的需求。他们把旧的变成新的。在替身综合征的情况中，尝试通过刺激多巴胺能神经元来加强或恢复吸引力则意味着让新人看起来是旧人。

承诺

到目前为止，我把爱描述为一种迷恋，它会以幻觉的形式表现出来。但是无限的渴望，甚至结晶化，最终并不总是毫无结果。它会发展成熟，成为其他事物[17]。

是什么使一段关系能够持续很长时间？最初的激情过后，什么能够巩固关系？

如果罗密欧和朱丽叶能够继续相爱，那么他们很有可能走上恋爱的常规路径。我不是说他们最后会憎恨彼此或分手，而是他们的关系很可能会发展为一种依恋形式，非常不同于最初相遇时热烈的相互吸引。研究者提出的假设是，催产素和后叶加压素这两种激素在成熟的爱情阶段，也就是长期依恋关系中发挥着重要的作用。

催产素和后叶加压素是很小的激素，被称为神经肽，它们由下丘脑产生，通过与受体结合，被投射到大脑的其他部分并在那里发挥功能。这两种激素在影响依恋关系上的作用已经在分子层面得到了证实，信不信由你，这个发现是在田鼠实验中获得的。

两个品种的田鼠表现出了惊人的行为差异。主要生活在大草原的田鼠非常合群，而且是单配偶的，丈夫和妻子一起度过大部分时间，它们会吃醋，会合作照顾后代。相反，住在山上的田鼠非常反社会，雌雄乱交。它们常搞“婚外”性行为，幼鼠出生后不久就会被遗弃或忽视。事实证明，两种田鼠大脑的边缘系统中催产素和后叶加压素受体的数量和分布存在着差异，这两种激素对雌性和雄性的作用略有不同[18]。

如果把催产素注入大草原品种的雌田鼠的体内，那么它会发挥丘比特之箭的作用，雌田鼠会爱上离它最近的雄田鼠。催产素通过干扰多巴胺奖赏机制来发挥作用：它会与伏隔核中的受体结合，伏隔核就是涉及奖赏的脑区之一。在山地品种的雌田鼠的伏隔核中，催产素受体则相对更少。

后叶加压素在雄田鼠的体内发挥着更大的作用。对大草原品种来说，正是后叶加压素促进了交配，激发了雄田鼠对其他雄性竞争者的攻击性和父性本能。后叶加压素通过与腹侧苍白球中的受体结合来发挥作用，腹侧苍白球是伏隔核下方另一个涉及奖赏的脑区。大草原品种的雄性田鼠体内的后叶加压素受体数量越多，它们的社会性就越强。

田鼠是这样，那么人类呢？一项对与产生后叶加压素受体有关的基因进行的研究发现，在具有特定基因型的男性的大脑中，后叶加压素受体非常少，他们不结婚或在婚姻中遇到危机的可能性是具有较多后叶加压素受体的男性的两倍，离婚风险也更高[19]。当然这只是相关关系，携带特定基因型只是造成行为倾向的因素之一。

总之，尽管不一定准确，但 M 夫人的多巴胺和催产素水平可能出现了问题，因为虽然她给丈夫创造了新身份，让自己有了新鲜感，但她从来没有被他们迷住。对她来说，在这种差异中缺失了原型人物的特性。

我们如何选择伴侣

爱错人，也就是这个人不能回报我们的爱或者不会给我们带来幸福，并不是我们乐意看到的结果。

然而，我们确实会爱错人。在某些情况下，我们甚至会一而再、再而三地爱错人，直到找到适合的灵魂伴侣。我们在不知不觉中遵循着一种错误的模式。矛盾的是，在客观的观察者看来显然是不合适、不合理的伴侣，却因为某些原因而对我们非常有吸引力，这完全是一段孽缘。

是什么使我们爱上错误的人？又是什么使另一个人适合做我们的伴侣？这取决于各种各样的因素，有些因素源于童年。

> 你的老爸老妈，把你搞得一团糟。
> 他们不是故意的，但结果就是如此。
> 他们不仅把自己全部的缺点遗传给你，
> 还给你的缺点添油加醋。

正如菲利普·拉金（Philip Larkin）在题为《这就是诗》（*This Be The Verse*）的诗中所准确描述的，父母对我们具有不可避免、意想不到的巨大影响[20]。我们接近、爱、依恋他人的方式是我们在童年期学到的爱的方式的影子，主要是从父母那里学到的。人生早期的经历和人际关系确实会影响成年后的人格，尤其是在亲密关系和情感的领域。这些观点最早是由弗洛伊德提出来的，后来英国精神病学家约翰·鲍尔比（John Bowlby）对此进行了广泛的探究。他写道："如果个体相信只要自己需要，就能得到依恋对象的慰藉，相对于没有这种信心的个体，他们不太容易紧张，也不太容易长期恐惧。"[21] 在鲍尔比看来，这种信心是在婴儿期、童年期和青春期的关键时期建立起来的。

鲍尔比提出这些观点之后，大量研究证实了他的观点。

如果父母冷漠、以自我为中心、忽视孩子，那么孩子会认为这些特点是可接受且有益的，成年后很可能会在伴侣身上寻找这些特点。相反，如果孩子的父母热情、温柔、充满关爱、值得信赖，成年后他们很可能会具有这些品质，而且会欣赏他人身上的这些品质。对孩子的心情和需求负责的妈妈或照顾者很可能教会孩子去爱、去寻求爱。孩子们学会了在需要帮助时可以表达自己的需求，这些需求会有人倾听。他们知道自己是值得被爱和被关注的，不会害怕分离。

一旦在人生早期建立起了这种信任的动态关系，孩子们在一生中都会依赖于它，与认识的人建立起信任，成为值得信赖的人。因此，我们在小时候就能形成特定的人际关系习惯、品味和偏好。这些会影响孩子成年后的生活，甚至影响恋爱[22]。

如今的神经科学试图将这些心理学发现提升到更高的层面，探究早期经历如何塑造大脑，从而影响行为。换言之，人生早期父母的教养方式如何深深地影响了我们。

在对动物的研究中，比如在对大鼠和小鼠的研究中，这个有关生活和生物学的有趣主题得到了大量探索。这些研究集中在母婴关系遭到破坏所造成的长期结果上。我很大一部分博士后工作就是在欧洲分子生物学实验室的科尼利厄斯·格罗斯实验室里研究这些现象。

我的一部分工作是每天花数小时观察雌鼠照顾幼崽。小鼠发育的关键窗口期是出生后的头三周，这三周的经历会在很大程度上影响它们的成年生活。如果你从来没有观察过老鼠，这听起来有些荒谬，但通过观察，你可以判断一只雌鼠是否很好地照顾着自己的新生宝宝。除了需要吃饭喝水的时候，好妈妈大部分时间会在窝里陪着幼鼠。它会用身体盖着幼鼠，为它们取暖，一起睡觉时，母鼠会像毯子一样包裹着幼鼠。它还会舔幼鼠，给它们梳毛。如果一只幼鼠离开了窝，母鼠会赶紧把它叼回来。

相比起来，坏妈妈不太专注于自己的孩子。它忽视幼鼠，很多时间不在窝里。当幼鼠睡觉时，它不太会用身体盖着幼鼠，不会对幼鼠悉心照顾，也懒得舔幼鼠或给它们梳毛。正如鲍尔比预料的那样，育儿风格上的差异导致坏妈妈养大的幼鼠比好妈妈养大的幼鼠体格更小、更容易害怕[23]。但是如果坏妈妈生的幼鼠被其他细心体贴的雌鼠收养，它们长大后就不会那么胆怯。令人震惊的是，被好妈妈领养的小雌鼠会学到这种母性行为，对自己的孩子很体贴关爱，尽管它们拥有坏妈妈的基因。

这意味着母性行为可以在世代之间传递。父母对自己孩子的行为很大程度上与他们的父母对他们的行为相同。

菲利普·拉金在诗的第二部分中表达了这个观点：

> 不过他们一样被搞得一团糟，
> 那些穿戴土气的傻瓜爹妈
> 一半时间固执而愚蠢，
> 一半时间拔刀相见。
>
> 人们把痛苦一代一代传递，
> 就像大陆架一步一步陷入海底。
> 劝你尽早摆脱这一切，
> 别再生自己的娃。

坏妈妈的幼崽可以继承好妈妈的养育行为这一事实证明，早期的环境影响具有长期效应。这个研究领域中最有趣的问题是：童年期的环境影响是通过什么分子机制持续到成年期的？答案是后天修饰。如果说遗传学研究的是特征如何通过基因组世代相传，那么表观遗传学研究的就是特征如何不依赖于DNA中储存的遗传信息而在代与代之间传递。事实证明母亲育儿的方式能够改变基因表达，改变成年小鼠的行为特征，并且通过对年幼雌鼠成年后的母性行为的影响，把这种改变一代代传递下去。

尽管这个发现还处于早期阶段，但研究者已经发现通过分子表观遗传机制，一些基因的表达被改变了。其中一种分子机制是甲基化，就是把由一个碳原子和三个氢原子组成的分子 CH_3 增加到 DNA 的胞嘧啶碱基上。甲基主要发挥着分子标签的作用，标记着特定位置的 DNA。它与负责打开和关闭基因表达的 DNA 捆绑在一起。

我竭尽全力地验证孩子与父母的联系与其未来人际关系的建立具有一致性的模型。观察雌鼠照顾幼鼠并不总是有趣的。我每天要花 4 个小时在黑暗中监控几十只小鼠，一丝不苟地记录下它们的每一个动作。这些小鼠的母性行为让我感到既有趣又困惑。当站在笼子前时，我不禁将自己正在测量的母性行为与记忆中我母亲的育儿风格、外祖母的温暖体贴进行比较。外祖母露西娅对我母亲足够温存吗？母亲是否常常围在我的摇篮边？是否像毯子一样抱着抚慰我？在实验室里，同事和我经常拿这些小鼠开玩笑，根据我们的人际关系，猜测各自母亲的育儿方式和未来我们在爱情方面是否会顺遂。

除了对人际关系的期望不同之外，我和那个在海德尔堡认识的男生不一致的地方还在于父母给予我们爱的方式不同，尤其是我们的母亲，多年来我们通过其他经历实践着这种方式。坏习惯会很快固化下来，尤其是在小时候养成的坏习惯。即使坏习惯是拒绝爱或者为爱苦苦挣扎，只要我们这样做过几次，便学会了如何再次这样做。

我承认母亲养育我的方式令我非常不安，尤其是在我很小的时候，这严重影响了我对伴侣的选择。我清楚地认识到在与未来伴侣的交往中，我会遭遇什么，而当他们遇到我时又会面临什么。这些状况被传承给了我，就像精神分析中的一些概念和拉金的诗描述的一样。神经科学给予了我更多的信息。它让我意识到母亲的照料会改变一些基因表达。这令人担心，但还不至于让人彻底灰心失望。没有完美的父母，但他们也不是灾难。

尽管我们可能爱上什么样的人和早期的依恋关系之间存在某种一致性，但我们不应该把依恋关系或教养风格看成是枷锁，把人禁锢在不可改变的情感命运上。父母是冷漠疏忽还是温暖体贴只是人生轨迹的最初动力。在之后的人生中我们会经历很多改变，经历各种各样的事，影响我们人际关系的因素远远不只父母。正如我们在第 3 章中看到的，大脑具有可塑性：相关的神经连接和遗传表达都会被主动改变。在童年期过后，后天修饰依然在继续。无论童年时发生了什么，改变、发展和发现的空间依然存在。陷在一种模式中比摆脱它容易，但改变并非不可能。我们需要朝着那个目标努力，尽管有时会非常辛苦。

爱情超市

我和在电影院外遇到的陌生人之间发生的不幸故事说明，爱是盲目的，缺乏判断力的丘比特会使我们犯愚蠢的错误。当一段恋情结束时，没人知道丘比特何时会再次出现。但是只要恋人们寻找浪漫，其他人就会不请自来地试图干预。无论是父母、牧师或拉比、朋友或职业媒人，第三方长期以来发挥着调解人的作用，干预正常的求爱和调情，以为他们比恋人自己更知道什么能使人们成为佳偶。他们常常反对丘比特之箭，促使人们做出适应社会现实的婚姻选择。传统的媒人依然存在，但如今出现了牵线搭桥的新形式：在线相亲。

在线相亲已经是数十亿美元的产业了，尽管经历了持续的经济衰退，这个行业依然很繁荣，2011 年全球大约有 2 500 万用户至少登录过一次在线相亲网站[24]。

在线相亲给爱情带来了深刻的改变。大多数时候，与我们相遇的人是随机的、非计划的。这种邂逅可能发生在公共汽车上、马路上，可能发生在我们排队买咖啡时，发生在超市、部门接待处，或者船上、飞机上。或许我们通过朋友遇到了合适的人，或许在婚礼、成人礼、晚餐派对上，或者像我一样，在电影院门前遇到了合适的人。迷恋从短暂的回眸开始，然后逐渐去了解对方或好或坏的特点，或者像我之前强调的，其实是发现对方身上我们想看到的特点。没人能保证恋情一帆风顺，但我们爱上了对方，享受着彼此的陪伴，这是对双方都有益的关系。

在线相亲的主要优点之一是网站的注册用户可以接触到比传统方式多得多的潜在恋爱对象。在一场派对上你可以选择和交谈的人大概有十几个，但相亲网站能为你提供数千人的资料。当然你不可能与所有的潜在对象见面，但系统化的搜索有助于你的选择，而且你可以舒舒服服地坐在桌前完成这项工作。

相亲网站会收取一定的费用，为用户提供潜在对象的各种基本信息：性别，身体特征，有关性格、背景、爱好、兴趣、对爱情的设想等自我报告的信息。所有这些信息以标准的简介形式呈现，轻轻点击几下就可以获得。相亲网站会让你填写心理问卷，然后根据相容性算法选出适合你的对象。在大多数相亲网站上，用户还可以通过自我描述在基本简介中添加独特的信息，这可以激发访问他们简介的人的兴趣。

为了了解这类简介，我注册了一个相亲网站，如果回答了心理问卷上的全部问题，这大约需要花费 30 分钟。我发现这些简介其实很相似，使用一些重复的语言。很多在线相亲者并不总会如实地报告自己的基本信息。当然在传统的面对面相亲中也是如此，人们通常会策略性地呈现更好的自己，给对方留下好印象。在网上这种欺骗方式更容易做到，因为网络拉开了一段安全距离。对 80 名在线相亲者的研究显示，81% 的人会在自己的体重、身高或者年龄上说谎[25]。

在引发恋情上，在线相亲颠覆了传统的视觉的作用。

求爱是一种身体体验。标准的简介即使添加了照片，依然剥夺了主体的一个维度。男人和女人被简化为二维的简介，没有动作，没有耀眼的凝视或独特的气味。这样的系统并不会消除相亲中的出其不意，尤其是不受欢迎的出其不意。很多在网上开始的恋情会遭遇见光死。

传递情感的最佳途径是身体。我们需要身体接触带来的皮肤反应，这是任何基于电脑的认识所不能替代的。即便是完全真实的近照也无法反映现实。照片上的人可能有着无可挑剔的颧骨、鼻子，有着轮廓分明的嘴唇，甚至身姿健美。但是我们根本无法由此了解真的看到这些身体特征意味着什么。正如我们所知，亲眼见到恋人会把我们送上惊人的幻想之旅，那么设想一下在没有见面的情况下，我们的想象力会如何驰骋。说它会以互联网的速度飞驰真的很合适。

太多在线相亲会导致情感荒漠化，让我们更喜欢屏幕上的二维头像，而不是桌边或床上的真人。人会成为商品，相亲的地方会变成市场[26]。选择非常多，可以像购物一样随意挑选，放进虚拟的购物车，如果所选的商品没有达到预期，总能找到替代商品。这样一来，我们就无法学会把感觉和情绪聚焦于那些能够满足我们需求和欲望的人和事物上，努力建立起关系，因为相比起来，快速地消费一个又一个产品要容易得多。总是存在其他选择。在线挑选未来的恋人变成了一种可控的机械行为，就像在问卷的空格中打钩。这和人们面对面时发生的无法预料、飘忽不定的动态关系形成了鲜明的对比。这种对待爱情的普遍方法和心态损害了建立持久关系所需要的信任和诗意。

如果在线相亲普遍替代了直觉判断，那么当生物学信息被引入相亲中时，这种情况会更加严重。

越来越多创新的相亲服务，比如科学姻缘网（Scientificmatch.com）、基因伴侣网（Genepartner.com）和爱情化学网（Chemistry.com），将客户的生物学信息整合到选择方法中，根据基因和化学情况来匹配合适的恋人。通过引入这类数据，身体的微观部分也进入谈情说爱之中。这些新服务特别受欢迎，在美国至少有数百万名用户，他们选择将自己的爱情命运拱手交给科学，希望更快、更好地找到灵魂伴侣。用户们相信，大脑中的化学物质能够比传统的方法更有效地逆转爱情上的霉运。但真的是这样吗?

海伦·费希尔是最早用脑扫描仪研究爱的科学家之一，她协助建立了爱情化学网的匹配系统。这个系统会识别四种主要的人格类型，分别是探索者（Explorer）、建造者（Builder）、指挥者（Director）和谈判者（Negotiator）。每种人格类型反映了两种神经递质和两种性激素的不同水平，它们是：多巴胺、5-羟色胺、睾酮和雌激素[27]。

当你注册之后，没人会直接测量你的神经递质和激素水平，但你要完成包含大约 60 个题目的心理问卷，这些问题基于将这四种化学物质与人格特质联系起来的遗传与神经化学信息。根据你的回答，你会被归为一种主要人格特质和一种次要人格特质。

其中一个问题是：手心向上，比较和测量右手食指和无名指的长度。为什么要这样做呢？这也与母亲对你行为的影响有关，这种影响开始于子宫。爱情化学网主要查看的是渗入胎儿大脑的雌激素和睾酮水平。作为胎儿，无论男女，如果暴露在较多的睾酮中，无名指就会比食指长，这也反映了成年后你身体中的睾酮水平比较高。无名指较长以及较多的睾酮意味着你在爱情化学网上会被归为指挥者，这种人格类型的特点包括果断、控制、率直和自信。

多巴胺则与寻求新奇、冒险的倾向有关。系统会通过询问用户以下陈述的适用程度来了解其多巴胺水平，比如“我总是在寻求新体验”“我觉得出乎意料的事情很令人兴奋”“我会一时兴起地做事”。如果这些陈述很符合你，那么你会被归为探索者。

建造者实际、谨慎、脚踏实地、有条理，具有强烈的责任感。费希尔认为造成建造者这些特性的主要是 5-羟色胺和 5-羟色胺对激素及其他神经递质的新陈代谢的影响。例如，建造者之所以性格友善、倾向于建立家庭，是因为 5-羟色胺能够促进催产素的分泌，前文已经说过，催产素能够促进依恋关系。反过来，建造者的平和、谨慎一部分是因为 5-羟色胺能够抑制睾酮和多巴胺的分泌。

谈判者直觉强，善于表达，讨人喜欢，有共情能力。他们重视亲密的关系，希望了解其他人。谈判者的雌激素水平较高，这是在子宫中从母亲的血液和胎盘继承来的。通过检查食指是否和无名指一样长或比无名指更长，爱情化学网可以知道谈判者的体内是否有过多的雌激素，还可以根据谈判者丰富的想象力，以及用新颖、意想不到的方式联系、整合不同信息和想法的能力来评估他们较高的雌激素水平。这一部分是因为雌激素能够在每个大脑半球的各脑区之间以及左右脑之间建立起大量的神经连接。

我们不禁要问：基于神经科学的在线媒人系统是否真的比传统的找对象方法更有效呢？海伦·费希尔已经帮助成千上万人找到了完美的爱人。

带着极大的耐心和好奇心，我完成了测试。我要骄傲地宣布，我是一个谈判者 - 探索者。这两种人格类型对应的很多特征，比如重视亲密的情感、渴望新的冒险等，确实符合我的一些性格，符合我对自己的认识。我的无名指确实比食指短。但是把我是谁完全局限在这两个属性上让我感到不舒服。就像我们在第 4 章中看到的，推测和识别人们的“类别”不是最近才出现的事物。古代医生把人分成多血质、黄胆汁质、黏液质和黑胆汁质。现代心理学提出了人格类型，并一直依赖于这些分类[28]。我们永远都渴望了解自己，渴望勾勒自己的行为，并凭直觉理解他人的行为。

需要提醒我们自己，这四种类型和基于此促成的姻缘并不能准确地反映一个人 5-羟色胺、多巴胺、雌激素和睾酮的水平。成为探索者并不只是过多雌激素的结果，人格类型从来不是单一或少数生物学因素的结果。正如费希尔承认的，一大家族的化学物质和神经递质共同造就了她设计的这些类型。行为特征和情绪特征源于生物学架构，生物学架构的差异赋予了个体独特的细微差别。但正如我们看到的，个人经历、环境、社会和文化的影响也发挥着巨大的作用。

两个人的结合需要他们勇敢地放弃各自的独立空间所赋予的安全感，包容和参与不同的，有时甚至是完全不同的世界。这需要个体能够理解并克服差异，欣赏对方的思维方式和设想生活的方式。这是一段很有趣但并不安全的旅程。运用科学信息的在线相亲网站声称能让用户找到白头偕老的伴侣，因为基于分子信息的婚姻更有可能美满幸福。但即使这些发现情投意合之人的方法具有科学的严格和精确性，根据几种激素的信息来选择伴侣也违反了美满爱情的基本要求：两个个体学习如何彼此相爱，如何一起生活，包容彼此的差异。特质不是一成不变的。这些相亲服务提供的只是亲密关系得以开始的基础。适合的化学物质为开始亲密关系提供了机会，这种关系有时候能持续下去，有时候不能。

如今我们过着忙乱的生活，流动性增加了，传统的求爱和社交模式在瓦解，因此，在线相亲这条捷径听起来很可行，很有吸引力，而且似乎比传统的方法更高效。但是通过科学的相亲平台开始的恋情并不一定比邂逅引发的恋情更有可能持久幸福。我希望传统的邂逅不会绝迹。

尾声

为了在约会前寻找鼓励和安慰，我沉浸在柏拉图的著作中，而不是查看科学实验的细节，这种情况真的很有趣。战车御者和两匹不和谐的飞马的比喻反映了爱的疯狂，也反映了在控制它与屈服于它之间的挣扎。但是这个比喻最终象征的是一个问题，这个问题既是本书的核心，也是爱的本质：情绪如何扰乱了理性。

爱是复杂、易逝的，没有规律可循。根据定义，爱是一种疯狂。既然如此，我们可以在爱中运用理性吗？我们可以或者应该将涉及心灵的问题诉诸科学吗？

爱作为生活中和自然世界中切实存在的固有部分，值得我们好好研究。我们有权尽己所能地了解它的特性，体验它并理解它出乎意料的结果。什么也阻止不了我们研究爱的好奇心。如今，对分子和整体科学的经验增加了我们用来理解爱的知识。

然而，有关爱的科学数据与科学解释出现之前几千年来人们对爱的认识相比，在数量上相形见绌。由于缺乏可靠而明确的数据，我相信，另一种经验，即基于亲身体验或试错的经验，应该和通过功能性磁共振扫描获得的信息一样有价值，甚至更有价值。

爱的某些方面并不适合进行科学研究。大多数试图剖析爱情的研究局限在描绘它的神经解剖结构和一些分子构成上。这类发现只能说明科学能够揭示现象背后看不见的神奇事物，但对我们在现实生活中的谈情说爱没什么用。哲学或文学作品，比如柏拉图的对话或莎士比亚的十四行诗，比脑扫描或激素检查更能让我们认识到爱是盲目的，而且对那些寻找窍门或渴望了解求爱和爱情过程的人来说，哲学或文学作品更有启发性。有类似经历的人会与这些作品产生更持久、更强烈的共鸣。例如，不需要确定司汤达所说的“结晶化”在大脑中的位置，我们便都能理解这种现象；知道凝视着爱人的照片会使负责对他人做出评判的脑区中的氧气减少，并不能避免我们把不属于他们的特点算在他们头上。

关于爱的神经研究和分子研究使人们雄心勃勃地想通过检查化学物质来寻觅完美爱人，就像那些有科学背景的在线相亲网站所做的。总之，运用科学来寻找灵魂伴侣就是尝试用某种确定性替代随机性。它意味着人们相信我们可以先严格地挑选出最适合爱的人，然后再去爱他们。但是这会把爱颠倒过来，使它失去魔力。此外，科学似乎只聚焦于开始恋爱关系的条件，也就是如何点燃激情四溢的爱情。

两个人之间美好的爱情取决于各种因素错综复杂的平衡，很难解释并统筹这些因素。一方面，我们带着父母留给我们的印记，也就是他们的基因和教养风格。另一方面，我们有自己的基因，有一些在身体中循环的神经递质。还有无穷无尽、不可预料的日常经历，它们塑造着我们的神经元，搅乱了我们的情绪。然后还有社会结构、我们在社会结构中的位置、文化教育背景、个人兴趣或娱乐兴趣，更不要说政治观点了。我敢肯定我还漏掉了其他一些重要而细微的因素。

我知道所有这些因素使得两个人的生命轨迹很难达成一致，日食与它相比都显得稀松平常了。

这可能是老生常谈了，但我相信，如果两个人感到被彼此吸引，喜欢对方的陪伴，渴望一起开始冒险并且达成了共识，愿意尝试婚姻，爱情就发生了。

令人难过的是，当对方对爱情敞开心扉时，我们却往往会感到胆怯；或者反过来，我们准备好了迎接爱情，但他们没有。如果一个人的心没有打开，我们毫无办法。鲜花、情诗或迷人的惊喜都无法打动他们。我们的坚持一定会有帮助，但如果他们认为自己不值得被爱，那么即使我们告诉他们，你是多么可爱，他们也不会相信，除非他们自己去发现。这通常和我们的才能毫无关系。我们可能有一些值得尊敬的品质，但除非我们爱慕的对象能够自在地面对他们自己的品性，否则我们的好品质不会给他们留下适当的印象，反而会把他们吓跑。同样，在开始寻觅未来伴侣之前，先看一看我们有多爱自己、认为自己有多值得欣赏会很有帮助。

爱是快乐的兄弟。为了获得爱，我们应该开心快乐。在这里我的意思既包括时常微笑，也包括对自我的认识，至少要让别人能够比较清楚地知道追求他们的是怎样的人。我发现，执着地对一个人喜欢什么、厌恶什么充满兴趣，让追求的对象被你的热情深深吸引，让他们知道你的陪伴是他们最棒的经历，会很有帮助。此外，通过行动让对方感受到我们的情感是多么真挚也会有帮助。

尽管前景看起来并不乐观，这件事也绝不简单，但我并不是劝人们打消努力追寻和理解爱的念头。就个人而言，我喜欢让自己被爱攻陷，沉浸在它的不确定性和异常欣快之中。我们所生活的社会鼓励我们追求成就和成功，而不是追求爱和依恋。因此，这个世界似乎更奖励独处，而不是陪伴，这使得建立彼此信任的关系所需的谦逊态度和奉献精神受到了损害。对爱的恐惧变得很普遍。从根本上看，对爱的恐惧就是对风险的恐惧。我们害怕冒险，害怕犯错误，害怕被伤害或浪费了机会。我们喜欢稳妥，期望有保证。用科学来指导爱情并不能减轻我们的恐惧和对确定性的渴望，反而会传播这样的观念，那就是我们能预测爱情的结果。但是在爱情上太过谨慎和算计是错误的，那并不能让我们走得更远。

如果我们认为爱有着已经设定好的最佳目的地，就会给自己和他人的幸福帮倒忙。

在我看来，爱情中最重要的是过程中的艺术，是日复一日构建起脆弱的信任。爱是理解。这意味着为相互尊重和意外的情况创造空间，还意味着作为两个个体和作为一对情侣的成长，心怀感恩，负起责任。

爱还是充满危险的。就我的经验而言，宁可磕磕绊绊，也不要把心封闭起来。因为当爱情成熟时，即使一开始两个人并不认为自己是情侣，他们也不会抗拒这份感情。爱情就像突然飘落的雨，你恰好在室外，也没有带伞，这使得爱情对两个人有了无法抗拒的说服力。它仿佛在说：你不需要遮风挡雨的地方，我就是。

在科学中保留诗情画意

任何生活理论在他看来都没有生活本身重要。

——奥斯卡·王尔德

一开始我提出了一个问题：在 21 世纪，有关大脑的知识是否有助于理解我们自己，理解我们的情绪？我希望通过这本书中的例子说明，什么时候神经科学做出了清楚的解释，什么时候它力有不逮。

作为一个人，作为朋友、爱人、儿子或同事，当我在经历或探究情绪事件时，最先寻求解释和意义的知识库几乎从来不是神经科学，或者说不仅限于神经科学。我寻找和偏爱的解释是最适合理解我的感受的解释，不管这种解释是来自科学实验、艺术作品、诗歌、哲学理论，还是其他来源，包括我自己过去的情感经历。

我绝不是暗示神经科学在解释情绪方面无法胜任。近来脑科学为我们提供了情绪表达的新解释，其中一些与我们产生了强烈的共鸣。达马西奥的情绪理论及躯体标记假设无疑非常令人着迷。情绪指导推理的事实颠覆了几个世纪以来关于理性和我们应对选择的方式的错误假设。我们的情绪体验以某种方式体现在身体和神经元上，引导着直觉和本能。我们有可能发现这种印刻发生在大脑中的什么地方，这个想法确实很诱人。大脑可塑性的发现同样非常重要，意义重大，设想一下，我们也许可以覆盖掉不想要的恐惧模式，甚至找到打磨爱的方法。神经科学中有着无穷无尽的奇迹。但是它并不能概括情绪的全部。

在用科学术语描述情绪时，我总会疑惑：我所说的正确吗？我对情绪的看法恰当吗？在情绪问题上，我对科学的看法恰当吗？在罗列脑区、神经或相互颉颃的化学作用时，我会惊叹于像情绪这样非常复杂又转瞬即逝的东西怎么能被转化为独立、详尽的模型，但我始终提醒自己：这类细节的描述与我的感受之间存在着差距。

这引发了我的其他思考。我们对生活、人类本质和情绪的最初了解多数来自生活本身，来自个人的悲欢离合。我对情绪的主观解释不会受到科学的限制，没有界限，不需要遵照分子学术语，而只是我的感受。那是科学无法替代的丰富而私密的语言，我相信至少在我有生之年是无法替代的。

这种对情绪的直接领悟是知识的一个平面，它位于每个人存在的核心。它是只属于我们自己的语言。当我们说话、哭泣、欢笑、内疚、想念或爱某人时，对于大脑中可能发生了什么的客观详细的第三方描述是很有价值也很有趣的锦上添花，但有时只是不太重要的脚注。

因此，有关大脑组织、神经元、DNA 片段和分子变化的详细知识不一定有助于我们创作出日常情绪生活的脚本。为了弥补在认识情绪方面的差距，我们可以走各种各样的捷径。许多不同的道路都能通向“认识你自己”。

在科学主导公共话语的时代，作为公民和知识的消费者，我们可以学会如何巧妙地将科学教义、艺术、诗歌、哲学及自身观察和谐地整合在一起。我一生都无法把看待世界的不同方式拆解开，如果用图书馆来打比方，它们属于同一个书架。因为没有哪个视角仅凭自身就是充分或令人满意的。我们绝没有理由仅遵循一套观念来生活，不对其他观念感到好奇或保持开放的态度。所有方法都会遗留解答不了的问题，始终有更多有待发现的事物。

看一看下图，你看到了什么？[1]

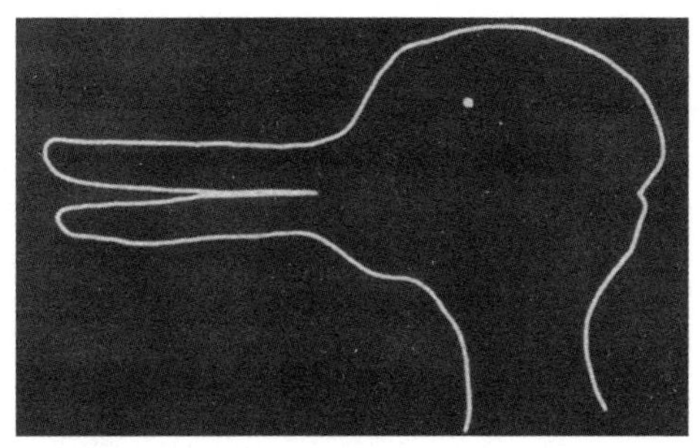

一开始，你可能注意到了鸭子的嘴，然后是兔子的一对耳朵，或者反过来。但你看到的不只是两种动物。每一种都可以被看作是代表了看待世界的一个系统。如果说其中一个是科学，那么另外一个就是艺术和人文，你可以自己选择哪种动物代表哪个系统。这两种世界观的交叉既是和谐的，也是不和谐的。有些人可能只看到了鸭子，另外一些人只看到了兔子。但是大多数人只要意识到这幅画可以从两个方向看，就应该能很容易地在两种视角之间转换。我们一定要记住，真相稍纵即逝。有一天兔子可能会消失，或者会吞掉鸭子。除非我们偏爱一种视角，放弃另一种视角，否则对相同现象的两种解释会同时存在，其中一种解释并不比另一种更有意义或更有效。我们不应该要么迷恋、要么唾弃，每一种视角都是另一种的补充，共同构成了完整的世界观。

虽然神经科学通过数字和测量来解释情绪、预测原因和结果，但我们如何理解情绪一定不只依赖于科学。在试图了解我们自己和我们的情绪时，有可能做到既科学又诗情画意。

注释与参考文献

扫码下载“湛庐阅读”APP，搜索“情绪是什么”，查看本书注释与参考文献。

首先应该感谢的人是我的文稿代理卡丽·卡尼亚（Carrie Kania）。我还记得她和我坐在伦敦一家餐馆里的那个晚上，她鼓励我写这本书。我衷心地感谢她的慷慨和友情，敬佩她敏锐的才智和对书、对观点不减的热情。

我还要感谢帕特里克·沃尔什（Patrick Walsh）在写作这本书之初提出了宝贵的建议，感谢康维尔和沃尔什代理公司（Conville and Walsh Agency）的亚历山德拉·麦克尼科尔（Alexandra McNicoll）、汉娜·瑟伦诺南（Henna Silennoinen）和杰克·史密斯-博赞基特（Jake Smith-Bosanquet），感谢他们的友善和宝贵贡献。

我还非常感谢我的编辑，他们是环球书屋（Transworld Books）的道格·扬（Doug Young）和企鹅出版集团（Penguin）的艾莉森·洛伦森（Allison Lorentzen），感谢他们对这本书的热心参与，也感谢他们的支持和建议。

诺加·阿里卡（Noga Arikha）、斯蒂芬妮·布兰卡福特（Stephanie Brancaforte）、艾伦·弗朗西斯（Allen Frances）、海尔加·诺沃特尼（Helga Nowotny）、史蒂文·罗斯和唐娜·斯通西弗（Donna Stonecipher）对我的手稿提出了很有启发性的评论和批评。感谢他们付出的时间和提供的真知灼见。

在长时间的酝酿期，这本书受益于两个机构和它们的图书馆的帮助：柏林文化研究所（Berlin Institute for Cultural Inquiry）和柏林高等研究所（Wissenschaftskolleg zu Berlin）。

有几位导师一直是我在求知和创作道路上的中心，他们都成了我非常好的朋友，我尊重并感激他们。感谢欧洲分子生物学实验室科学与社会项目的哈尔多尔·斯特凡松（Halldór Stefánsson），他是我在更大背景中构建科学框架的最初动力。感谢海尔加·诺沃特尼的友情、尖锐的建议，以及在很多选择上，包括最冒险的选择上不断给予我的鼓舞和指引。科尼利厄斯·格罗斯是我在欧洲分子生物学实验室博士后项目上的主管，他向我打开了他实验室的大门，而且始终欢迎我和他就神经科学进行广泛而深入的探讨。

在我初来乍到时，伦敦经济学院 BIOS 中心的尼古拉斯·罗斯（Nikolas Rose）和伊利娜·辛格（Ilina Singh）给予了我关怀和保护。纽约视觉艺术学院（New York School of Visual Arts）的苏珊·安克（Suzanne Anker）在视觉艺术的世界中陪伴、指引着我。

非常感谢欧洲神经与社会网络（European Neuroscience and Society Network）的同事们，尤其要感谢林赛·麦戈伊（Linsey McGoey）、斯科特·弗雷科（Scott Vrecko）和跨学科神经学校的所有校友。感谢他们在构建横跨神经科学、社会科学和人文学科的创新性论坛上付出的努力和投入的大量时间。

感谢我的好朋友本·克里斯特尔，他跟我聊了无数关于戏剧、莎士比亚和爱的内容。感谢唐娜·斯通西弗，她在诗歌韵律学上给予了我帮助。第 2 章是献给亚历山大·波尔青（Alexander Polzin）的，感谢他提供了有关卡拉瓦乔的信息。我还想感谢我的朋友萨宾·坦布瑞（Sabin Tambrea），他鼓励我写作十四行诗，我们一起在柏林剧团（Berliner Ensemble）度过了许多迷人的戏剧之夜。

柏林米特区的邦迪咖啡馆为我提供了每天早晨开始写作所需的咖啡因。

我和很多朋友交流过有关情绪的故事，无论关系远近，在我写作期间，他们陪伴着我，给予我莫大的鼓励，他们是：Stephanie Brancaforte、Dominique Caillat、Stephen Cave、Rose-Anne Clermont、Elena Conti、Zoran Cvetkovic、Patrizia D'Alessio、Larry Dreyfus、Amos Elkana、Allen Frances、Valentina Gagliano、Frank Gillette、Marco Giugliano、Manueal Heider de Jahnsen、Christoph Heil、Christine Hill、Stephanie Jaksch、Carlos Kraus、David Krippendorf、Babette Kulik、Luisa Lo Iacono、Sharmaine Lovegrove、Donna Manning、Jimmy Nilsson、Ilaria Cicchetti-Nilsson、Petr Nosek、Alan Oliver、Moritz Peill-Meininghaus、Elisabetta Pian、Marcello Simonetta、Sabin Tambrea、Anne-Cécile Trillat、Simon Van Booy、Candace Vogler、Mathew Westcott、Katharina Wiedemann、Bonnie Wong。

无论感到悲伤还是快乐，我总可以通过网络电话与西尔维娅·库拉多（Silvia Curado）交流，她会帮我分析判断。

诺加·阿里卡和我会对生活中很多美好或古怪的事情进行深入、真诚、执着的交流，在这方面他是不可替代的。

当我刚开始写这本书时，罗伯托（Roberto）和马西米利亚诺（Massimiliano）来到我这里，他们令人愉快的陪伴对这本书的顺利写作帮助很大。

阿维·利夫席茨（Avi Lifschitz）无意间指出了真正重要的事情，我对他充满了感激。

恩扎·拉古萨（Enza Ragusa）从我还是个 9 岁的孩子时起就像一块我可以立足的岩石，感谢她的友情和无条件支持。

把最由衷的感谢献给我的父母朱塞佩（Giuseppe）和萨尔维娜（Salvina），还有我的姐姐安东内拉（Antonella），感谢他们毫不动摇的信任。

我希望我的两个聪明可爱、无可替代的外甥女艾丽斯（Alice）和伊娃（Eva）拥有甘醇的人生，经历难忘而美好的情感冒险。

耶胡达·埃尔卡纳（Yehuda Elkana）在这本书的萌芽阶段就参与进来，但不幸的是没能亲眼见证这本书的出版。他是一位忠实、可敬的朋友，我从他那里获得了源源不断的力量、快乐和智慧。我非常想念他，谨以此书表达我对他由衷的怀念。

译者后记

这本书与以往翻译的有关情绪的心理学和神经科学书籍不太一样。差别在于作者没有完全或大部分运用神经科学来描述情绪，相反，他的探讨结合了一些更柔软的角度，比如戏剧、哲学、绘画、诗歌和个人情感经历。在看惯了美国神经科学家、心理学家的著作后，欧洲神经科学家的作品会给人耳目一新的感觉。

我们一般会认为，作为神经科学家，作者一定会自豪地表达神经科学有多么强大，多么尖端，但是没有。作者强调了神经科学的局限性。他指出虽然神经科学领域中奇迹迭出，“但是它并不能概括情绪的全部”。科学术语可能永远也无法替代主观的丰富而私密的情绪语言。“对于大脑中可能发生了什么的客观详细的第三方描述是很有价值也很有趣的锦上添花，但有时只是不太重要的脚注”。任何一种角度和方法都是不充分、不完备的。我们应该把科学、绘画、诗歌、哲学等整合成一个多面的透镜，这样对情绪的理解才是丰满和立体的。

在这本书里，作者探讨了几种主要的情绪：愤怒、内疚、焦虑、悲痛、共情、快乐和爱。这与我国最早出现在《礼记》中的七情“喜、怒、哀、惧、爱、恶、欲”基本一致，可以说这些情绪是人类共有的重要情绪，不分文化和种族。中医认为七情是人对外界环境的反应，一般情况下不会导致疾病，但是如果情绪过度，长时间不能恢复平静，便会造成气血紊乱，导致疾病。这说明了解情绪不仅有助于认识自我，而且对我们的身心健康可能也有帮助。

最后说一说翻译中一个有趣的小故事。在第 7 章中，作者开篇讲述了自己对一个高高帅帅的文艺男如何一见钟情、如何朝思暮想的逸事。我突然恍惚了，以通常的心理推断作者应该是女性，但这和记忆不一致，于是赶紧翻看作者简介，确实是“he”。好吧，佩服作者的坦诚。

在本书的翻译过程中，得到了一些朋友的帮助和支持，在这里对冯征、王璐、赵丹、徐晓娜、卫学智、张宝君、郑悠然和王彩霞表示由衷的感谢。

未来，属于终身学习者

我这辈子遇到的聪明人（来自各行各业的聪明人）没有不每天阅读的——没有，一个都没有。巴菲特读书之多，我读书之多，可能会让你感到吃惊。孩子们都笑话我。他们觉得我是一本长了两条腿的书。

——查理·芒格

互联网改变了信息连接的方式；指数型技术在迅速颠覆着现有的商业世界；人工智能已经开始抢占人类的工作岗位……

未来，到底需要什么样的人才？

改变命运唯一的策略是你要变成终身学习者。未来世界将不再需要单一的技能型人才，而是需要具备完善的知识结构、极强逻辑思考力和高感知力的复合型人才。优秀的人往往通过阅读建立足够强大的抽象思维能力，获得异于众人的思考和整合能力。未来，将属于终身学习者！而阅读必定和终身学习形影不离。

很多人读书，追求的是干货，寻求的是立刻行之有效的解决方案。其实这是一种留在舒适区的阅读方法。在这个充满不确定性的年代，答案不会简单地出现在书里，因为生活根本就没有标准确切的答案，你也不能期望过去的经验能解决未来的问题。

而真正的阅读，应该在书中与智者同行思考，借他们的视角看到世界的多元性，提出比答案更重要的好问题，在不确定的时代中领先起跑。

湛庐阅读 App：与最聪明的人共同进化

有人常常把成本支出的焦点放在书价上，把读完一本书当作阅读的终结。其实不然。

时间是读者付出的最大阅读成本

怎么读是读者面临的最大阅读障碍

“读书破万卷”不仅仅在“万”，更重要的是在“破”！

现在，我们构建了全新的“湛庐阅读”App。它将成为你“破万卷”的新居所。在这里：

- 不用考虑读什么，你可以便捷找到纸书、电子书、有声书和各种声音产品；
- 你可以学会怎么读，你将发现集泛读、通读、精读于一体的阅读解决方案；
- 你会与作者、译者、专家、推荐人和阅读教练相遇，他们是优质思想的发源地；
- 你会与优秀的读者和终身学习者为伍，他们对阅读和学习有着持久的热情和源源不绝的内驱力。

CHEERS

本书阅读资料包

给你便捷、高效、全面的阅读体验

本书参考资料

湛庐独家策划

- 参考文献
  为了环保、节约纸张，部分图书的参考文献以电子版方式提供
- 主题书单
  编辑精心推荐的延伸阅读书单，助你开启主题式阅读
- 图片资料
  提供部分图片的高清彩色原版大图，方便保存和分享

相关阅读服务

终身学习者必备

- 电子书
  便捷、高效，方便检索，易于携带，随时更新
- 有声书
  保护视力，随时随地，有温度、有情感地听本书
- 精读班
  2~4周，最懂这本书的人带你读完、读懂、读透这本好书
- 课　程
  课程权威专家给你开书单，带你快速浏览一个领域的知识概貌
- 讲　书
  30分钟，大咖给你讲本书，让你挑书不费劲

湛庐编辑为你独家呈现
助你更好获得书里和书外的思想和智慧，请扫码查收！

（阅读资料包的内容因书而异，最终以湛庐阅读App页面为准）

湛庐阅读App

思想者的声音图书馆

倡导亲自阅读

> 不逐高效，提倡大家亲自阅读，通过独立思考领悟一本书的妙趣，把思想变为己有。

阅读体验一站满足

> 不只是提供纸质书、电子书、有声书，更为读者打造了满足泛读、通读、精读需求的全方位阅读服务产品——讲书、课程、精读班等。

以阅读之名汇聪明人之力

> 第一类是作者，他们是思想的发源地；第二类是译者、专家、推荐人和教练，他们是思想的代言人和诠释者；第三类是读者和学习者，他们对阅读和学习有着持久的热情和源源不绝的内驱力。

CHEERS

以一本书为核心

遇见书里书外，更大的世界

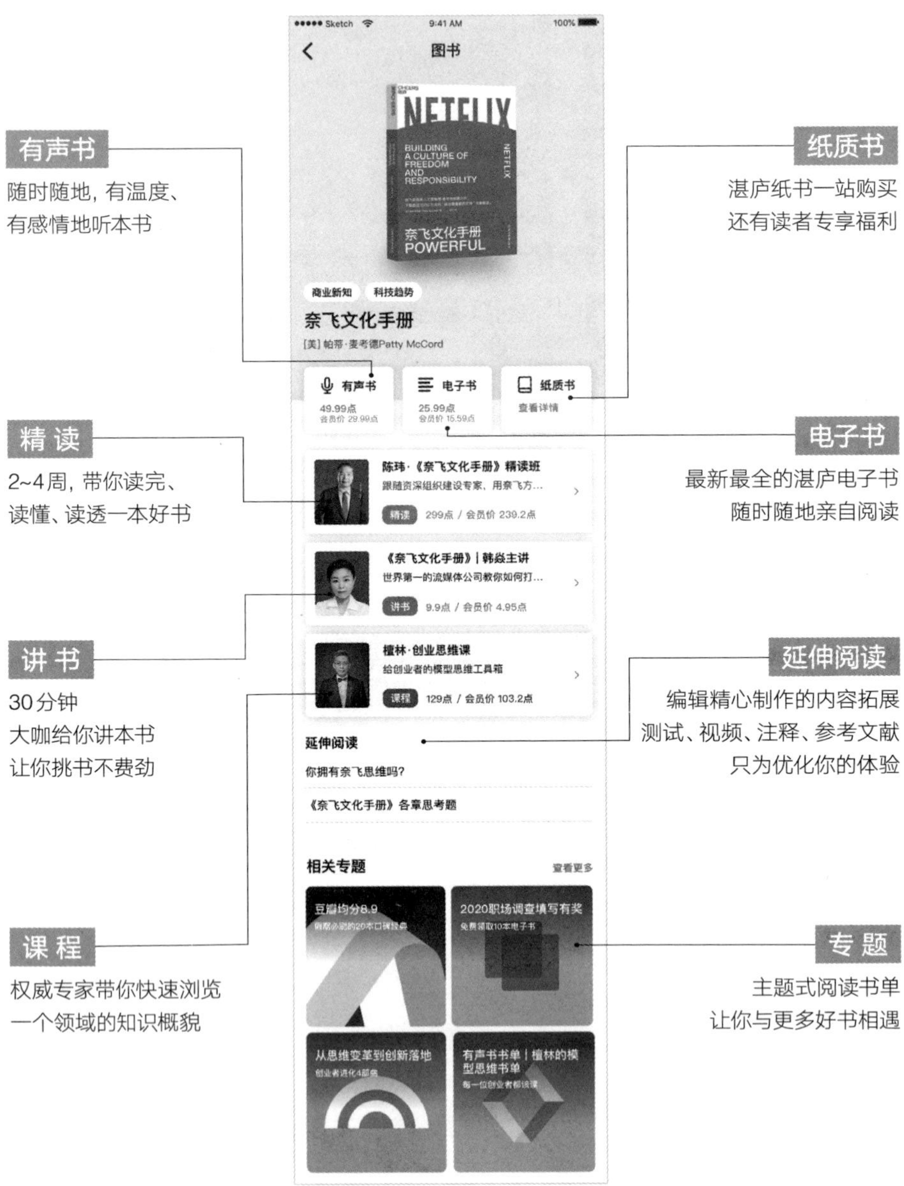

HOW WE FEEL by Giovanni Frazzetto

This edition arranged with Conville & Walsh Limited through Andrew Nurnberg Associates International Limited

浙江省版权局
著作权合同登记章
图字:11-2017-330号

图书在版编目（CIP）数据

情绪是什么 /（意）乔瓦尼・弗契多著；黄珏苹译 .—杭州：浙江人民出版社，2018.3（2024.1重印）

ISBN 978-7-213-08637-3

Ⅰ.①情… Ⅱ.①乔… ②黄… Ⅲ.①情绪—心理学—通俗读物 Ⅳ.①B842.6-49

中国版本图书馆 CIP 数据核字（2018）第 020479 号

上架指导：心理学

情绪是什么

[意] 乔瓦尼・弗契多 著
黄珏苹 译

出版发行：浙江人民出版社（杭州体育场路 347 号 邮编 310006）
市场部电话：（0571）85061682 85176516
集团网址：浙江出版联合集团 http://www.zjcb.com
责任编辑：朱丽芳 陈 源
责任校对：戴文英 王欢燕
印 刷：石家庄继文印刷有限公司
开 本：710mm ×965mm 1/16 印 张：16.75
字 数：214 千字 插 页：1
版 次：2018 年 3 月第 1 版 印 次：2024年 1月第 5 次印刷
书 号：ISBN 978-7-213-08637-3
定 价：59.90 元